高等学校"十二五"规划教材
市政与环境工程系列丛书

活性污泥生物相显微观察

主　编　施　悦　李永峰　李　宁　邝柳枝
主　审　徐功娣

哈尔滨工业大学出版社

内容简介

本书可分为两大部分:活性污泥微生物图谱和活性污泥微生物观察图解。具体内容如下:活性污泥中的细菌、活性污泥中的真菌、活性污泥中的藻类、活性污泥中的原生动物、活性污泥中的后生动物、显微镜技术、细菌形态和染色、活性污泥中微生物的初步观察、本体溶液、絮状颗粒和泡沫、活性污泥丝状生物体观察图解、活性污泥动物观察图解、活性污泥藻类和真菌观察图解、活性污泥中指示性生物的观察、收集、评估及观察报告。

本书可作为市政工程、环境工程、环境科学等专业的高年级本科和研究生教材或相关专业的培训教材,也可供科研工作者参考。

图书在版编目(CIP)数据

活性污泥生物相显微观察/施悦,李永峰主编. —哈尔滨:
哈尔滨工业大学出版社,2013.12
ISBN 978-7-5603-4350-1

Ⅰ.①活… Ⅱ.①施… ②李… Ⅲ.①活性污染-生
物相-高等学校-教材 Ⅳ.①X703

中国版本图书馆 CIP 数据核字(2013)第 270944 号

责任编辑 贾学斌
封面设计 卞秉利
出版发行 哈尔滨工业大学出版社
社   址 哈尔滨市南岗区复华四道街 10 号 邮编 150006
传   真 0451-86414749
网   址 http://hitpress.hit.edu.cn
印   刷 哈尔滨工业大学印刷厂
开   本 787mm×1092mm 1/16 印张 12.75 字数 300 千字
版   次 2014 年 1 月第 1 版 2014 年 1 月第 1 次印刷
书   号 ISBN 978-7-5603-4350-1
定   价 35.00 元

《活性污泥生物相显微观察》编写人员与分工

主　编　施　悦　李永峰　李　宁　邝柳枝

主　审　徐功娣

编写人员　施　悦：第1~3章、第10~11章；

李　宁：第4~6章；

王煜婷、李永峰：第7章；

李永峰：第8~9章；

邝柳枝、李永峰：第12~13章；

王玥、赵健慧、李永峰：第14章。

文字整理与图表制作：吴忠姗、张　玉

前　言

将污水放置一段时间通入空气后会产生絮凝性较好的絮状体,观察可见絮体中的细菌。使用显微镜观察可见絮体中的细菌原生动物和微型后生动物。微生物只有适应周围的环境才能生存,所以,在显微镜下观察到的微生物可认为是最适应这种环境的生物。

对于污水处理厂经营者来说,废水样品的显微镜镜检为其控制活性污泥系统中运行条件的优劣创造了条件,从而为维持良好状况,防止、纠正不良状况的经营策略做出决定。同时,显微镜镜检也为经营者提供了以下信息:生物量情况、生物量对运行条件改变的反应、工业排放物、活性污泥法的处理效果。活性污泥系统中的混合液包含许多有机和无机的成分,通过显微镜可以观察并描述出它们的数目、结构特征及其活动,从而为活性污泥法的过程控制和故障诊断提供指导或"生物指示"。活性污泥系统中重要的有机成分包括:分散生长物、絮状颗粒、丝状生物、原生动物、轮形虫、线虫、菌胶团,此外还有红蚯蚓、刚毛虫、腹毛虫、螺旋菌、四联球菌、水熊、水蚤。活性污泥系统中重要的无机成分包括:胶体、胶状分泌物、不溶性多聚糖、颗粒物。

本书讲述了活性污泥中微生物的种类及图解,包括细菌、真菌、藻类、原生动物和后生动物等,并用图表示微生物的形态,帮助读者进一步了解活性污泥中的微生物。这本书同时也向大家介绍了显微镜和立体双目显微镜的使用和维护、活性污泥法中显微镜镜检的操作步骤和技巧,以及活性污泥微生物的实验图解,以便读者阅读本书后对活性污泥中的微生物有更进一步的了解。

使用本书的学校可免费获得电子课件,如有需要,可与李永峰教授联系(mr_lyf@ 163. com)。本书由东北林业大学、哈尔滨工程大学、琼州学院、哈尔滨工业大学和上海工程技术大学的专家们撰写。本书的出版得到"黑龙江省自然科学基金项目(E200936 和 E201354)"、"黑龙江省科技攻关项目(GA09B503-2)"和"中央高校基本科研业务专项基金重大项目(HEUCFZ1103)"的技术成果和资金的支持,特此感谢。由于编者业务水平和写作经验有限,书中难免存在不足之处,真诚地希望有关专家、老师及同学们在使用过程中随时提出宝贵意见,使之更加完善。

编　者

2013 年 8 月

前　言

目　录

上篇　活性污泥微生物图谱

下篇 活性污泥微生物观察图解）

上篇 活性污泥微生物图谱

第1章 活性污泥中的细菌

活性污泥法是废水处理中应用最为广泛的技术之一,活性污泥中的生物和其他成分能指示水质状况,从而用于评价废水的处理效果。活性污泥中的细菌具有细胞壁,属于单细胞原核生物,一般个体较小,大多在 1 μm 左右,在一定的环境中,不同的细菌有相对稳定的形态和结构。活性污泥中的细菌按基本形态可分为球菌、杆菌和螺旋菌。

1.1 球菌

球菌是一种呈球形或近似球形的细菌,如图 1.1 所示。其大小以细胞直径表示,一般为 0.5 ~ 1.0 μm。球菌的分裂面不同,分裂后各子细胞在空间呈现不同的排列方式。根据繁殖以后的状态,可分为单球菌、双球菌、链球菌、四联球菌、八叠球菌和葡萄球菌等。

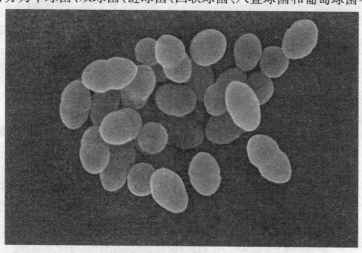

图 1.1 球菌

单球菌:细胞沿一个平面进行分裂,子细胞处于分散状态,单独存在,如脲微球菌(Micrococcus ureae);

双球菌:细胞沿一个平面进行分裂,子细胞成对排列,如肺炎双球菌(Diplococcus pneumoniae);

链球菌:细胞沿一个平面进行分裂,子细胞呈链状排列,如乳链球菌(Streptococcus lactic);

四联球菌:细胞按两个相互垂直的平面进行分裂,子细胞呈田字形排列,如四联微球菌(Micrococcus tetragenus);

八叠球菌:细胞按三个相互垂直的平面进行分裂,子细胞呈立方体排列,如巴氏甲烷八叠球菌(Methanosarcina barkeri);

葡萄球菌:细胞分裂面不规则,子细胞排列无次序呈葡萄状,如金黄色葡萄球菌(Stephylococcus aureus)。

球菌的排列方式如图1.2所示。

图1.2　球菌的排列方式图

（引自:马放等.环境微生物图谱.北京:中国环境科学出版社,2010）

1 单球菌
2 双球菌
3 链球菌
4 四连球菌
5 八叠球菌
6 葡萄球菌

1.1.1　微球菌属

微球菌属（Micrococcus）细胞呈球形,直径为0.5~2.0 μm,单生,成对、四联或成簇出现,但不成链(图1.3);革兰氏阳性,罕见运动,不生芽孢,严格好氧,菌落常有黄或红的色调,具呼吸的化能异养菌,能氧化葡萄糖,产少量酸或不产酸;通常生长在简单的培养基上,接触酶阳性,氧化酶常常是阳性的,但往往是很弱的。通常耐盐,可在5%NaCl中生长。含细胞色素,抗溶菌酶。最适宜在温度为25~37℃的条件下生长。

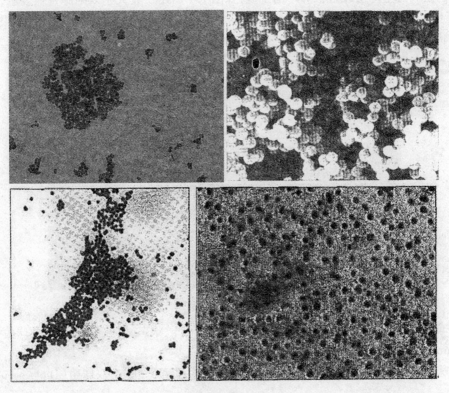

图1.3　微球菌

1.1.2 葡萄球菌属

葡萄球菌属(Staphylococcus)是一群革兰氏阳性球菌,常堆聚成葡萄串状。多数为非致病菌,少数可导致疾病。呈球形或稍呈椭圆形,直径在 1.0 μm 左右,排列成葡萄状(图1.4)。葡萄球菌无鞭毛,不能运动;无芽胞,除少数菌株外一般不形成荚膜;易被常用的碱性染料着色,革兰氏染色为阳性。兼性厌氧微生物,在厌氧条件下可利用葡萄糖发酵,产物主要为乳酸;在好氧条件下,产物主要为醋酸和少量 CO_2。适宜在温度为 35 ~ 40℃、pH 值为 7~7.5 的条件下生长。

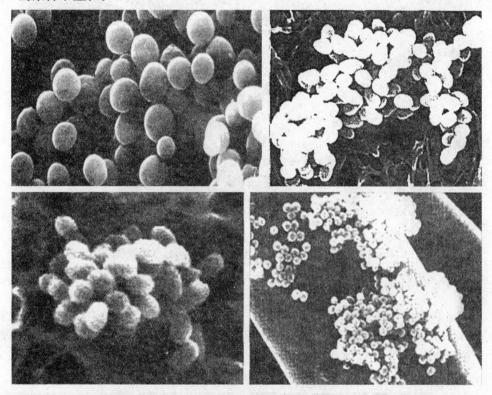

图 1.4　葡萄球菌

1.1.3 链球菌属

链球菌属(Streptococcus)呈菌体球或卵圆形,直径不超过 2 μm,呈链状排列,如图 1.5 所示。无芽胞,大多数无鞭毛,幼龄菌(2~3 h 培养物)常有荚膜。多数兼性厌氧,少数厌氧,过氧化氢酶阴性,适温 37℃,最适 pH 值为 7.4~7.6。细胞壁外有菌毛,格兰染色阳性。有机营养型,可利用葡萄糖发酵产生乳酸,无接触酶。

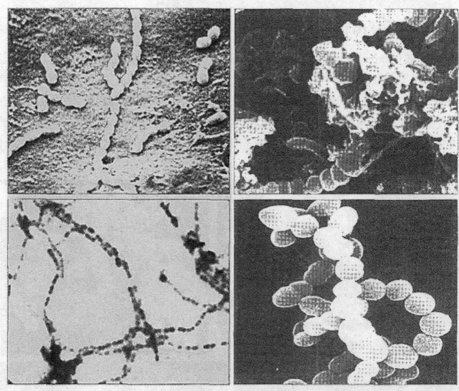

图 1.5　链球菌

（引自：马放等.环境微生物图谱.北京：中国环境科学出版社,2010）

1.1.4　奈瑟菌属

奈瑟菌属(Neisseria)是一群革兰染色阴性双球菌,无芽孢,无鞭毛,有菌毛,好氧或兼性厌氧,氧化酶阳性。奈瑟菌呈球形,成对排列,形似咖啡豆的革兰阴性球菌(图1.6),通常位于中性粒细胞内,而在慢性淋病时常位于细胞外,新分离株有荚膜和菌毛。直径为0.6～1.0 μm,单个或成对排列,两个平面分裂。有机化能营养型,最适宜温度为37℃。

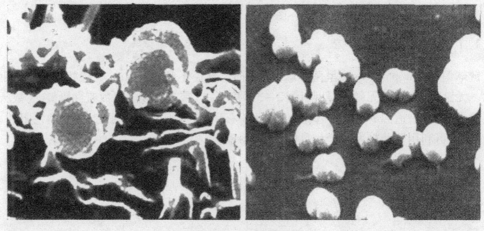

图 1.6　奈瑟菌属

（引自：马放等.环境微生物图谱.北京：中国环境科学出版社,2010）

1.1.5　布兰汉球菌属

布兰汉球菌属常见类型如图 1.7 所示。布兰汉球菌属通常为球菌,两个平面分裂,排列成双球形。无芽孢,不运动,革兰氏阴性。遇碳水化合物无酸生成,不产生黄色色素,有机化能营养类型,在无血通用培养基上生长良好。适宜在 37℃ 下生长,好氧,接触酶和细胞色素氧化酶阳性,通常硝酸盐还原,可在哺乳动物黏膜上寄生。

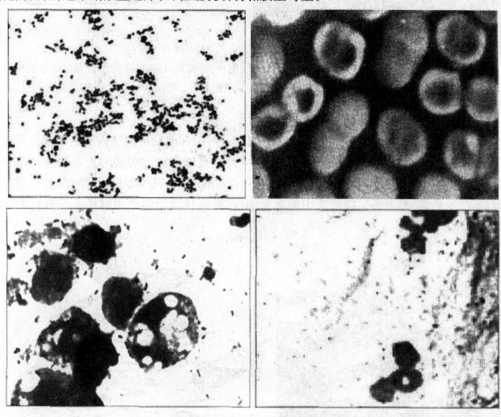

图 1.7　布兰汉球菌属

1.2　杆菌

各种杆菌的大小、长短、弯度、粗细差异较大。大多数杆菌中等大小长为 2～5 μm,宽为 0.3～1 μm。大的杆菌如炭疽杆菌((3～5) μm×(1.0～1.3) μm),小的如野兔热杆菌((0.3～0.7) μm×0.2 μm)。菌体的形态多数呈直杆状,也有的菌体微弯。菌体两端多呈钝圆形,少数两端平齐(如炭疽杆菌),也有两端尖细(如梭杆菌)或末端膨大呈棒状(如白喉杆菌)。排列一般分散存在,无一定排列形式,偶有成对或链状,个别呈特殊的排列,如栅栏状或 v、y、l 字样,如图 1.8 所示。根据细胞的排列方式,杆菌可分为单杆菌、双杆菌和链杆菌,如图 1.9 所示。

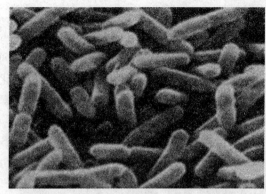

图 1.8　杆菌

1单杆菌
2双杆菌a
3链杆菌

图 1.9　杆菌的排列方式图
(引自:马放等.环境微生物图谱.北京:中国环境
科学出版社,2010)

1.2.1　动胶菌属

动胶菌属,杆状,大小为$(0.5 \sim 1.0)\,\mu m \times (1.0 \sim 3.0)\,\mu m$,幼龄菌体借端生单鞭毛活泼运动,在自然条件下,菌体群集于共有的菌胶团中,特别是碳氮比相对高时更是如此。革兰氏染色阴性,专性好氧,化能异养;能利用某些糖和氨基酸,不能利用淀粉、纤维素、蛋白质和肝糖等,不产生色素,是废水生物处理中的重要细菌,在活性污泥中的贡献最大。常见的动胶菌属如图1.10所示。

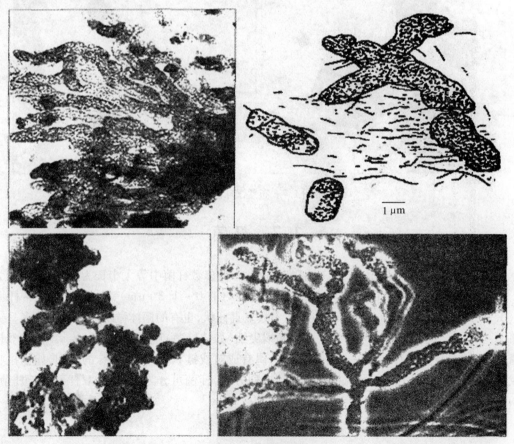

图 1.10　动胶菌属

1.2.2　芽孢杆菌属

　　细胞呈直杆状,大小为$(0.5 \sim 2.5)\,\mu m \times (1.2 \sim 10)\,\mu m$,常以成对或链状排列,具圆端或方端。细胞染色大多数在幼龄培养时呈现革兰氏阳性,以周生鞭毛运动。芽孢呈椭圆、卵圆、柱状、圆形,能抗许多不良环境。每个细胞产一个芽孢,生孢不被氧所抑制。好氧或兼性厌氧,具有对热稳定、pH 值适应范围广和对盐耐性强等。化能异养菌,具有发酵或呼吸代谢类型,通常接触酶阳性。发现于不同的生境,少数种对脊椎动物和非脊椎动物致病。代表种为枯草芽孢杆菌,周生鞭毛,为格兰染色阳性,芽孢呈椭圆形,在有机物的转化和分解过程中占据重要地位。常见种类如图 1.11 所示。

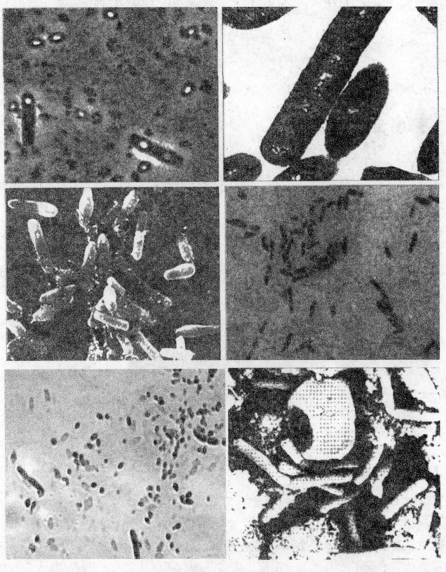

图 1.11　芽孢杆菌属

(引自:马放等. 环境微生物图谱. 北京:中国环境科学出版社,2010)

1.2.3 埃希菌属

埃希菌属包括 5 个种,即大肠埃希菌、蟑螂埃希菌、弗格森埃希菌、赫尔曼埃希菌和伤口埃希菌。活性污泥中最常见的是大肠埃希菌。大肠埃希菌俗称大肠杆菌,在水体中常被用作粪便或病原菌污染的指示菌种,也是微生物科研中的常用菌种。

埃希菌属属于直杆菌,细胞呈短杆状,大小为 $(1.1 \sim 1.5)\ \mu m \times (2 \sim 6)\ \mu m$(活体)或 $(0.4 \sim 0.7)\ \mu m \times (1.3 \sim 3)\ \mu m$(干燥染色后测量)。借周生鞭毛运动或不运动,无芽孢,革兰染色阴性,兼性厌氧菌,在普通营养基上生长迅速。常见种类如图 1.12 所示。

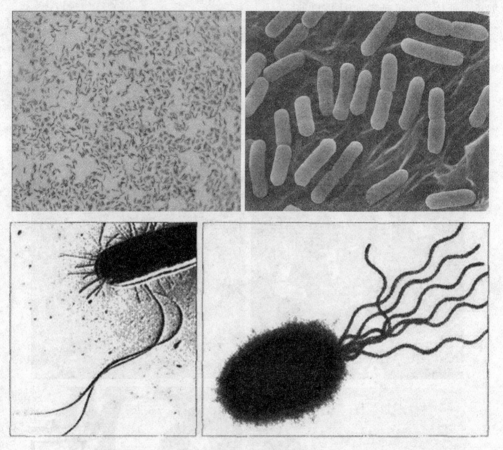

图 1.12 埃希菌属

1.2.4 球衣菌属

球衣菌属为单细胞串生成丝状,丝体长为 $500 \sim 1\ 000\ \mu m$,基本不运动,略呈弯曲状,如图 1.13 所示。丝物体外包围两层鞘套,主要由有机物和无机物组成,大多数具有假分枝。其丝状鞘的一端固着在固体表面,革兰染色阴性。球衣菌能生成具有端生鞭毛的游动孢子,主要依靠游动孢子或不能游动的分生孢子繁殖。球衣菌属化能有机营养型,为专性需氧菌,有较强的分解有机物的能力。适宜生长的 pH 值范围为 $6 \sim 8$,在有机物污染的水域中和微氧条件下可快速生长,为活性污泥中的常见菌种。当球衣菌数量过多时会发生污泥膨胀。

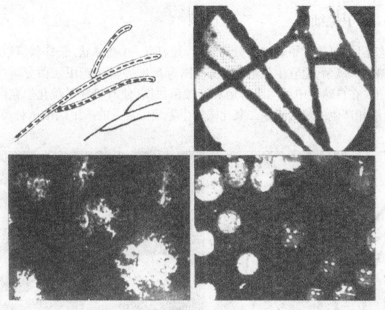

图 1.13　球衣菌属

1.2.5　变形杆菌属

革兰阴性杆菌,大小为 $(0.4\sim0.6)\mu m\times(1.0\sim3.0)\mu m$,两端钝圆,形态呈明显的多形性,可为杆状、球杆状、球形、丝状等,无荚膜,不形成芽孢,有周身鞭毛,运动活泼,有菌毛,可黏附于真菌等细胞表面。菌体常有不规则的变形,借周生鞭毛运动。属活性污泥中常见菌种,如图 1.14 所示。

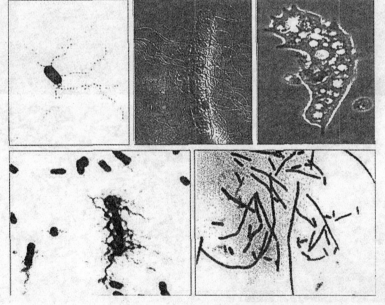

图 1.14　变形杆菌属

(引自:马放等.环境微生物图谱.北京:中国环境科学出版社,2010)

1.2.6　产甲烷细菌

根据形态不同,可将产甲烷细菌分为球形、短杆状、八叠球状、长杆状、丝状和盘状。产甲烷菌为严格的厌氧菌,适宜生长的 pH 值范围为 6.8 ~ 7.2。产甲烷菌分革兰氏阳性菌和革兰氏阴性菌。在自然界中可与水解菌和产酸菌协同,使有机物甲烷化。在两相厌氧过程中,可利用产酸相产生的氢气还原二氧化碳产生甲烷。常见的产甲烷细菌种类如图 1.15 所示。

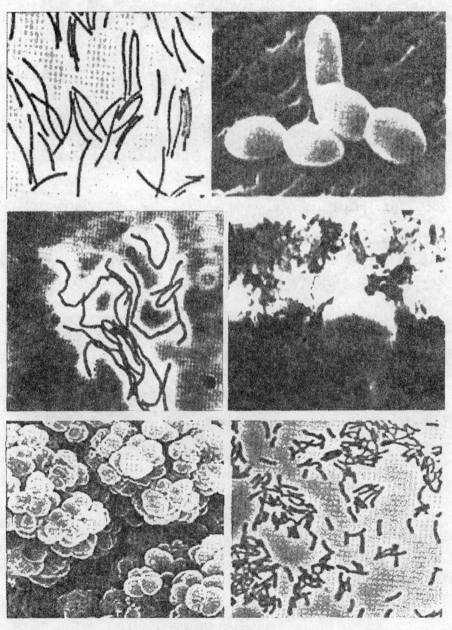

1.15　产甲烷细菌

(引自:马放等. 环境微生物图谱. 北京:中国环境科学出版社,2010)

1.2.7　发硫菌属

发硫菌属为兼性自养型、好氧菌,污水处理过程中当溶解氧含量较低时可大量繁殖。属丝状分枝,具有薄鞘的杆菌,基部直径较大,有吸盘,一端固着于固体表面,不运动。另一端处于游离状态,能断裂出一节节的杆状体,菌丝体有时呈放射状,附着在固体物上,有时菌丝体交织在一起,自中心向四周伸展,有时菌丝体左右平行伸长为羽毛状,可滑行。常见的发硫菌属种类如图 1.16 所示。

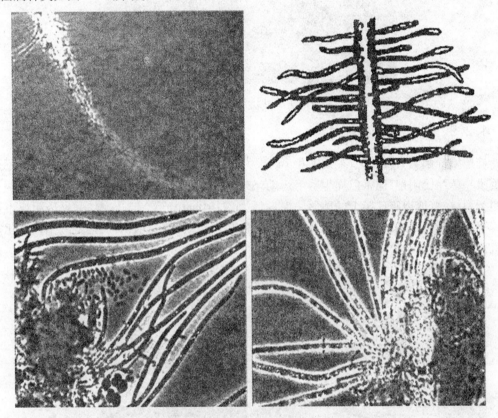

图 1.16　发硫菌属

(引自:周凤霞等.淡水微型生物与底栖动物.北京:化学工业出版社,2011)

1.2.8　气杆菌

气杆菌为革兰氏阳性粗大梭菌,大小为 $(3\sim4)\mu m \times (1\sim1.5)\mu m$。单独或成双排列,有时也可成短链排列。芽胞呈卵圆形,芽胞宽度不比菌体大,位于中央或末次端。培养时芽胞少见,需在无糖培养基中才能生成芽胞。在脓汁、坏死组织或感染动物脏器的涂片上,可见有明显的荚膜,无鞭毛,不能运动,如图 1.17 所示。

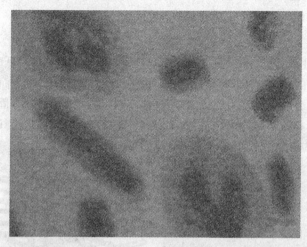

图 1.17　气杆菌

1.2.9　柠檬酸杆菌属

　　柠檬酸杆菌属直杆菌,直径约 $1.0\ \mu m$,长为 $2.0\sim6.0\ \mu m$,单个或成对出现。通常不产生荚膜。革兰氏阴性,通常以周生鞭毛运动,如图 1.18 所示,兼性厌氧,有呼吸和发酵两种代谢类型;在普通肉胨琼脂上的菌落一般直径为 $2\sim4\ mm$,光滑、低凸、湿润、半透明或不透明,灰色,表面有光泽,边缘整齐。偶尔可见黏液或粗糙型。氧化酶阴性,接触酶阳性。化能有机营养型,能利用柠檬酸盐作为唯一碳源。

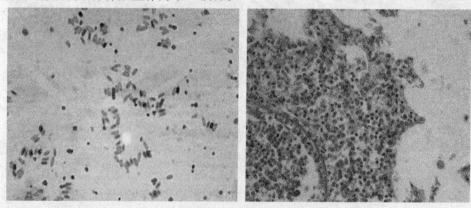

图 1.18　柠檬酸杆菌属
(引自:马放等.环境微生物图谱.北京:中国环境科学出版社,2010)

1.2.10　黄杆菌属

　　黄杆菌属呈直杆状,端圆,细菌大小为 $0.5\ \mu m\times(1.0\sim3.0)\ \mu m$,细胞内不含聚 β-羟基丁酸盐,不形成内生孢子,革兰氏阴性。不运动,不发生滑动或泳动,如图 1.19 所示。严格好氧,外环境分离物可在 $37\ ℃$ 的条件下生长良好。适宜在固体培养基上生长,产生典型的色素(黄色或橙色),但有些菌株不产色素。菌落半透明或为不透明,圆形,直径一般为 $1\sim2\ nm$,隆起或微隆起,光滑且有光泽,全缘。接触酶、氧化酶、磷酸酶均为阳性,不消化琼脂,有机化能营养型。

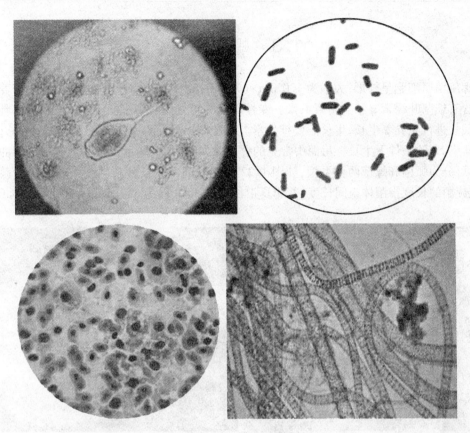

图 1.19　黄杆菌属

1.2.11　产碱杆菌属

　　革兰氏染色阴性,专性好氧,具严格代谢呼吸型,以氧作为电子最终受体。有些菌株在存在硝酸盐或亚硝酸盐时进行厌氧呼吸。适宜生长温度为 20～37℃。营养琼脂上的菌落不产生色素。氧化酶、接触酶阳性,不产生吲哚。化能有机营养型,利用不同的有机酸和氨基酸为碳源。由几种有机酸盐和酰胺产碱,通常不利用糖类。常见的产碱杆菌如图 1.20 所示。

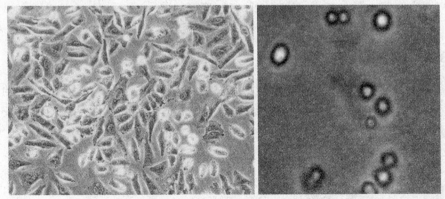

图 1.20　产碱杆菌属

（引自:马放等.环境微生物图谱.北京:中国环境科学出版社,2010）

1.3　螺旋菌属

螺旋菌属细胞呈杆形,大小为 1.0 μm×(7～10) μm,或更长,周生鞭毛运动,培养物绿色。含有细菌叶绿素 g 和类胡萝卜素。专性厌氧光养菌,可利用乙酸盐、丙酮酸盐、乳酸盐和丁酸盐进行光异养生长,生长需要维生素。最佳生长温度为 40～42℃,细菌适宜在 pH 值为 1.0～7.2 的条件下生长。污泥中常见的螺旋菌如图 1.21 所示。根据螺旋菌的弯曲程度不同,可分为弧菌和螺菌两种类型,如图 1.22 所示。通常用长度和宽度来表示螺旋菌的大小,螺旋菌的长度指菌体空间长度,并非真正长度,长度一般为 5～15 μm,宽度一般为 0.5～5 μm。

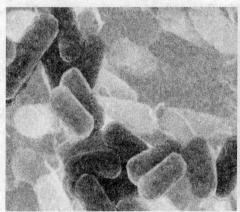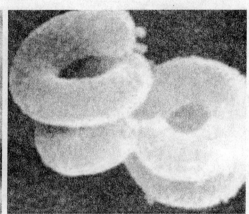

图 1.21　螺旋菌属

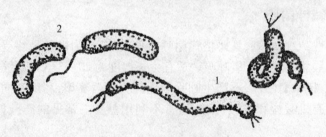

图 1.22　螺旋菌的分类图
1—螺菌;2—弧菌

1.3.1　螺菌属

螺菌属为螺旋状菌,革兰氏染色阴性,大多数为双端丛毛,能运动,是专性需氧的螺旋形细菌。对糖类不(或弱)发酵,约半数菌株产生黄绿或棕色水溶性色素。细胞长为 2～60 μm,宽为 0.25～1.7 μm。活性污泥中常见的种类如图 1.23 所示。

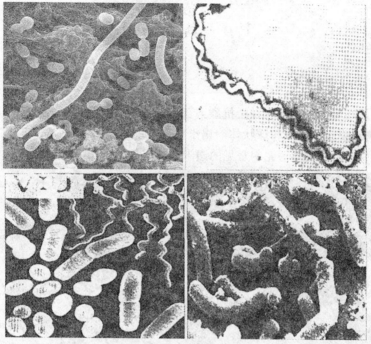

图 1.23　螺菌属

1.3.2　弧菌属

弧菌属细菌种类多,分布广泛,尤其是水中最为常见。形状短小,约 0.5 μm×(1 ~ 5)μm,因弯曲如弧而命名为弧菌。分散排列,偶尔互相连接成 S 状或螺旋状。革兰氏染色阴性,菌体一端有单鞭毛,运动活泼,无芽胞,无荚膜。需氧或兼性厌氧,分解葡萄糖,产酸不产气,氧化酶阳性,赖氨酸脱羧酶阳性,精氨酸水解酶阴性,嗜碱,耐盐,不耐酸,能将硝酸还原为亚硝酸,常见的弧菌种类如图 1.24 所示。

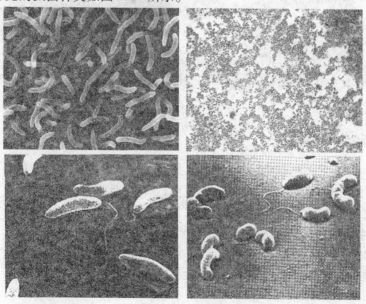

图 1.24　弧菌属

1.4　其他细菌

1.4.1　诺卡氏菌属

诺卡氏菌是好气菌,革兰氏阳性,抗酸或部分抗酸,大部分无气丝,部分生气生菌丝体,基丝分枝,横隔断裂成杆状体和球状体。诺卡氏菌属又名放线菌属,能利用各种脂肪酸、烃类和糖类等作为碳源。活性污泥中常见的诺卡氏菌属如图 1.25 所示。

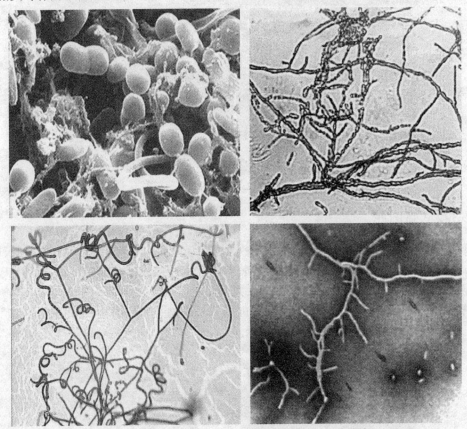

图 1.25　诺卡氏菌属

1.4.2　硝化细菌

硝化细菌是一种好氧性细菌,在氮循环水质净化过程中扮演着很重要的角色。硝化细菌属于自养性细菌,包括两种完全不同的代谢群:亚硝酸菌属及硝酸菌属,它们包括形态互异的杆菌、球菌和螺旋菌。亚硝酸菌包括亚硝化单胞菌属、亚硝化球菌属、亚硝化螺菌属和亚硝化叶菌属中的细菌。硝酸菌包括硝化杆菌属、硝化球菌属和硝化囊菌属中的细菌。两类菌均为专性好气菌,在氧化过程中均以氧作为最终电子受体。大多数为专性化能自养型,不能在有机培养基上生长。常见的硝化细菌如图 1.26 所示。

1.4.3　假单细胞菌

假单细胞菌没有细胞核,属直或稍弯的革兰氏阴性杆菌。以极生鞭毛运动,不形成芽孢,化能有机营养型菌,严格好氧,呼吸代谢,从不发酵。图 1.27 所示为假单细胞菌。

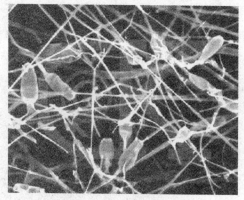

图 1.26　硝化细菌

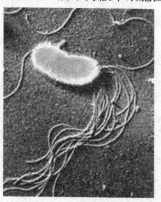

图 1.27　假单细胞菌

1.4.4　鞘细菌

鞘细菌是一类具有特殊形态的细菌,专性需氧菌。细胞呈丝状排列,被包在鞘膜内,有独特的生活史。单个细胞呈杆状,如图 1.28 所示。革兰氏染色阳性,偏端丛生鞭毛,具有活跃运动的能力,又称为游动细胞。鞘一般由蛋白质、多糖、脂类复合物组成,有的还有锰和铁的沉积物,类似荚膜,紧贴在杆菌链的外围,可防御原生动物和某些细菌的攻击。鞘上一般有固着器,可附着于固形物上,当水中营养不足时,鞘可随水流动而富集营养。

1.4.5　聚磷菌

聚磷菌是一类可对磷超量吸收的细菌,磷以聚磷酸盐颗粒(异染粒)的形式存在于细胞内。聚磷菌也叫做摄磷菌,是传统活性污泥工艺中一类特殊的兼性细菌,可广泛地用于生物除磷。当活性污泥中的聚磷菌生活在营养丰富的环境中,在将进入对数生长期时,为大量分裂作准备,细胞能从废水中大量摄取溶解态的正磷酸盐,在细胞内合成多聚磷酸盐并加以积累,供下阶段对数生长时期合成核酸耗用磷素之需。这种对磷的积累作用大大超过微生物正常生长所需的磷量,可达细胞质量的 6% ~8%,有报道甚至可达 10%。常见的聚磷菌如图 1.29 所示。

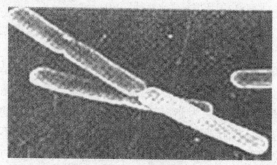

图 1.28　鞘细菌

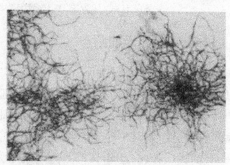

图 1.29　聚磷菌

1.4.6　硫细菌

在生长过程中能利用可溶或溶解的硫化合物,从中获得能量,且能把低价硫化物氧化为硫,并再将硫氧化为硫酸盐的细菌称为硫细菌,如图 1.30 所示。按其取得能量的途径可分为光能营养菌和化能营养菌两种。光能营养菌产生细菌叶绿素和类胡萝卜素,呈粉红、紫红、橙、褐、绿等色,都是厌氧光合菌,多栖息于含硫化氢的厌氧水域中。化能营养菌都是不产色素的好氧菌,栖息于含硫化物和氧的水中,能将还原性硫化物氧化成硫酸。

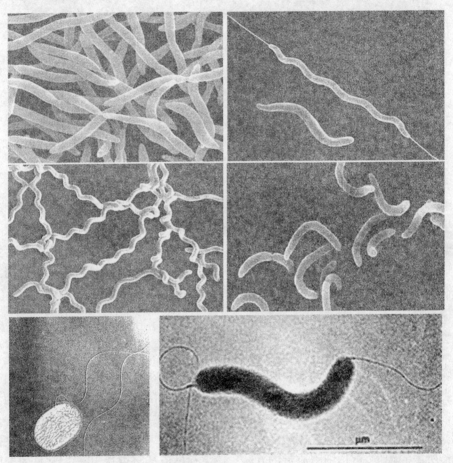

图 1.30　硫细菌
(引自:马放等.环境微生物图谱.北京:中国环境科学出版社,2010)

1.4.7　滑行细菌

滑行细菌是一群在固体表面或液、气界面进行滑行运动的细菌,如图 1.31 所示。它是以运动方式划分的群,其种类较非滑行细菌少,但性状各具特色,营养类型多样。滑行细菌的特点是:①具革兰氏染色阴性细菌的细胞壁,壁的外层为脂多糖,内层含有呈块状分布的肽聚糖组分。因其不是完整地包围整个细胞,所以细胞可以屈挠;②细胞多呈杆状,长短不一,有的连成长丝;③不具鞭毛。电镜观察少数种类发现在肽聚糖层外有纤细的毛,可能与滑行有关;④能产生黏液并在滑行过的表面留下痕迹;⑤以分枝的奇数碳脂肪酸为主,其呼吸链中的醌类是甲基萘醌。

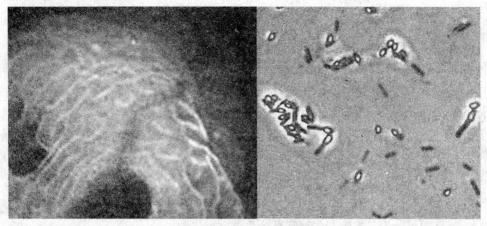

图 1.31　滑行细菌

1.4.8　菌胶团

有些细菌由于其遗传特性决定,细菌之间按一定的排列方式互相黏集在一起,被一个公共荚膜包围形成一定形状的细菌集团,叫做菌胶团。它是活性污泥絮体和滴滤池黏膜的主要组成部分。菌胶团中的菌体,由于包埋于胶质中,故不易被原生动物吞噬,有利于沉降。菌胶团的形状有球形、蘑菇形、椭圆形、分枝状、垂丝状及不规则形,如图 1.32 所示。

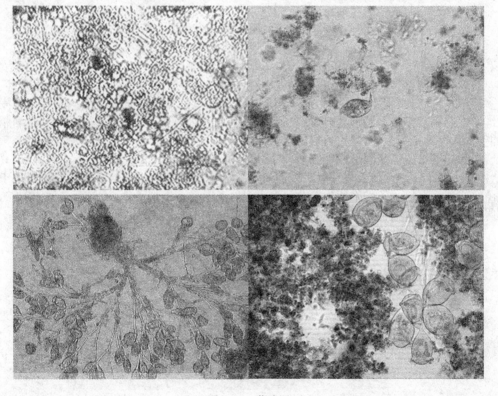

图 1.32　菌胶团

第2章　活性污泥中的真菌

真菌是一种真核生物。最常见的真菌是各类蕈类,另外真菌也包括霉菌和酵母菌。真菌的细胞既不含叶绿体,也没有质体,是典型异养生物。它们从动物、植物的活体、死体和它们的排泄物,以及断枝、落叶和土壤腐殖质中吸收和分解其中的有机物,作为自己的营养。真菌的异养方式有寄生和腐生。真菌常为丝状和多细胞的有机体,其营养体除大型菌外,分化很小。高等大型菌有定型的子实体。除少数例外,真菌都有明显的细胞壁,通常不能运动,以孢子的方式进行繁殖。

真菌一般比细菌大几倍至几十倍,用普通光学显微镜放大几百倍就能清晰地观察到。依据形态,真菌可分为单细胞和多细胞真菌两类。

单细胞真菌称为酵母菌,呈圆形或卵圆形,直径为 3 ~ 15 μm,以出芽方式繁殖,芽生孢子成熟后脱落成独立的个体。能引起人类疾病的有新生隐球菌和白假丝酵母菌等。

多细胞真菌称为霉菌或丝状菌,由菌丝和孢子组成,菌丝与孢子交织在一起。各种霉菌的菌丝和孢子形态不同,是鉴别真菌的重要标志。一般可将活性污泥中的真菌分为致病真菌、单细胞真菌和丝状真菌。

2.1　致病真菌

活性污泥中的致病真菌主要包括 2 种:假丝酵母菌和烟曲霉菌。

2.1.1　假丝酵母属

假丝酵母菌,俗称菌,主要引起皮肤、黏膜和内脏的急性和慢性炎症,可以是原发性,但大多为继发性感染,发生于免疫力低下患者。口腔假丝酵母菌病常为艾滋病患者最先发生的继发性感染。细胞呈圆形、卵形或长形,细胞可生成厚垣孢子,无色素生成。具有酒精发酵能力,无性繁殖为多边芽殖,可形成假菌丝。

白假丝酵母菌体呈圆形或卵圆形(2 μm×4 μm),革兰染色阳性,着色不均匀,以出芽繁殖,称芽生孢子。孢子伸长成芽管,不与母体脱离,形成较长的假菌丝。芽生孢子多集中在假菌丝的连接部位。各种临床标本及活检组织标本中除芽生孢子外,还见有大量假菌丝,表明假丝酵母菌处于活动状态,有诊断价值。

活性污泥中常见的假丝酵母菌属,其形态如图 2.1(a)所示,分布如图 2.1(b)所示。

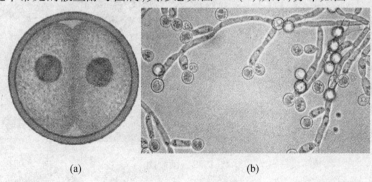

(a)　　　　　　　　　　　　　(b)

图 2.1　假丝酵母

2.1.2　烟曲霉菌

烟曲霉菌的菌丝是有隔菌丝,菌丝无色透明或微绿,分生孢子梗常带绿色,长约300 μm,偶尔可达 500 μm,宽 5 ~ 8 μm。分生孢子梗的末端是膨大成烧瓶的顶囊,直径为 20 ~ 30 μm。在顶囊的上半部,直立长出 6 ~ 8 μm 长、2 ~ 3 μm 宽的单层小梗。小梗的末端形成球形或近球形墨绿色的分生孢子,分生孢子头呈圆柱状,直径2.5 ~ 3 μm,表面有细刺。在37 ~ 45℃或更高的温度中生长旺盛。

烟曲霉菌生长能力很强,接种后20 ~ 30 h 便可形成孢子。在琼脂培养基上形成绒毛状菌落,最初为白色,随着孢子的产生,菌落的颜色变为蓝绿色、深绿色和灰绿色。老龄菌落甚至呈暗灰绿色。菌落背面一般无色,但有的菌株可现黄、绿或红棕色。常见的烟曲霉菌如图2.2所示。

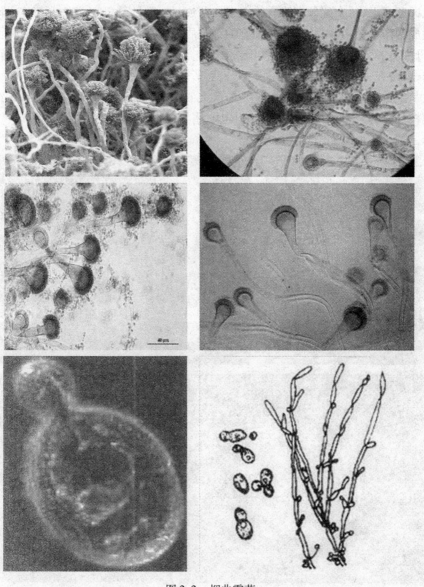

图2.2　烟曲霉菌

2.2   单细胞真菌

单细胞真菌主要指酵母菌。酵母菌是人类文明史中被应用得最早的微生物,可生存在缺氧环境中。其形态通常有球形、卵圆形、腊肠形、椭圆形、柠檬形或藕节形等,大小一般为 $(1 \sim 5)\mu m \times (5 \sim 30)\mu m$,比细菌的单细胞个体要大得多,酵母菌无鞭毛,不能游动,具有典型的真核细胞结构(包括细胞壁、细胞膜、细胞核、细胞质、液泡、线粒体等,有的还具有微体)。酵母菌繁殖方式有多种,有人把只进行无性繁殖的酵母菌称作"假酵母",而把具有有性繁殖的酵母菌称为"真酵母"。

无性繁殖有芽殖和裂殖两种方式,最常见的无性繁殖方式是芽殖。芽殖发生在细胞壁的预定点即芽痕上,每个酵母细胞有一至多个芽痕。成熟的酵母细胞长出芽体,母细胞的细胞核分裂成两个子核,其中一个随母细胞的细胞质进入芽体内,当生成的芽体接近母细胞大小时,从母细胞脱落成为新个体,同样继续出芽。如果酵母菌生长旺盛,在芽体尚未从母细胞脱落前,即可在芽体上又长出新的芽体,最后形成假菌丝状。

裂殖是少数酵母菌进行的无性繁殖方式,类似于细菌的裂殖。其过程是首先细胞延长,继而细胞核一分为二,最后细胞中央出现隔膜,将细胞横分为两个子细胞。

酵母菌的个体形态如图2.3所示。

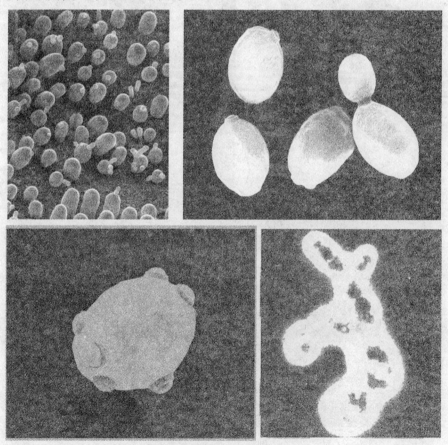

图2.3   酵母菌的个体形态

　　酵母菌的群体形态如图 2.4 所示,大多数酵母菌的菌落特征与细菌相似。与细菌相比,其不同点在于酵母菌菌落比细菌菌落大而厚,菌落表面光滑、湿润、黏稠,菌落大多为乳白色,少数呈红色,个别为黑色,菌落质地均匀,正反面和边缘、中央部位的颜色都很均一。

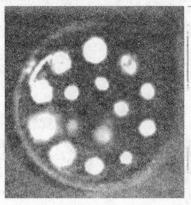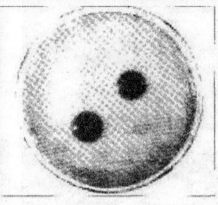

图 2.4　酵母菌的群体形态

　　酵母菌属细胞圆形、椭圆形或柱形,是单细胞生物,如图 2.5 所示。兼性厌氧,可发酵一至几种糖类,厌氧条件下糖类发酵产生乙醇和 CO_2。无性繁殖为多边出芽,某些种可形成假菌丝,但无真菌丝生成。菌落乳白色,有光泽,较平坦,边缘整齐。在液体培养时通常不形成菌醭。营养细胞多为双倍体,也有多倍体。有性生殖时产生子囊孢子,双倍体营养细胞可直接发育成子囊。子囊内产生 1～4 个光滑的球形子囊孢子,子囊成熟时不破裂。子囊孢子发芽后立即或稍过一段时间发生接合。

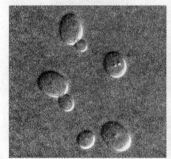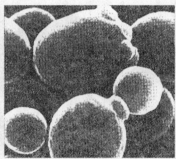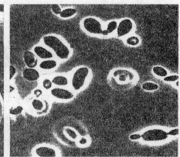

图 2.5　酵母菌

2.3　丝状真菌

　　丝状真菌即霉菌,形成分枝繁茂的菌丝体,但又不像蘑菇那样产生大型的子实体。构成霉菌营养体的基本单位是菌丝。菌丝是一种管状的细丝,把它放在显微镜下观察,很像一根透明胶管,它的直径一般为 3～10 μm,如图 2.6 所示。比细菌和放线菌的细胞约粗几倍到几十倍,菌丝可伸长并产生分枝,许多分枝的菌丝相互交织在一起,就叫菌丝体。

　　霉菌有着极强的繁殖能力,而且繁殖方式也是多种多样的。虽然霉菌菌丝体上任一片段在适宜条件下都能发展成新个体,但在自然界中,霉菌主要依靠产生形形色色的无性或有性孢子进行繁殖。孢子有点像植物的种子,不过数量特别多,特别小。

　　丝状真菌包括革兰氏阴性菌和革兰氏阳性菌。活性污泥中常见的种类有根霉菌和交链孢霉属。

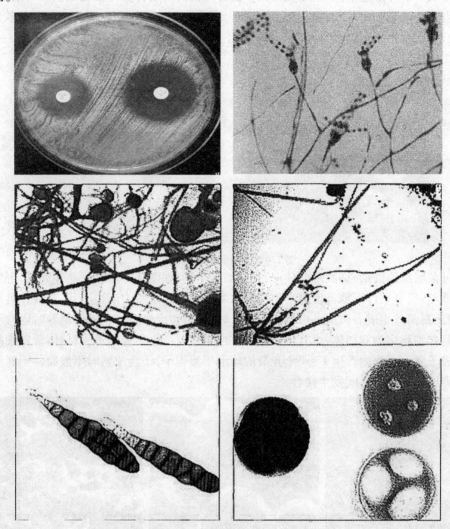

图 2.6　丝状真菌

（引自：马放等.环境微生物图谱.北京：中国环境科学出版社,2010）

第3章 活性污泥中的藻类

3.1 单细胞藻类

单细胞藻类无胚,自养型生活,进行孢子繁殖,作为一种低等植物广泛存在于活性污泥中。藻体为单细胞、群体或多细胞体,微小者需借助显微镜才能看见,大者如马尾藻、巨藻等可长达几米、几十米到上百米。内部构造初具细胞上的分化,而不具有真正的根、茎、叶。整个藻体结构简单,富含叶绿素,能进行光合作用。藻类的生殖基本上是由单细胞的孢子或合子离开母体后直接或经过短期休眠后萌发形成新个体。温度和光照均可影响藻类的生长。常见的单细胞藻类如图3.1所示。

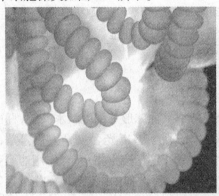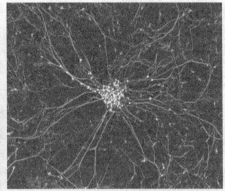

图3.1 单细胞藻类

3.2 平板藻属

平板藻属细胞常相连成锯齿状,也有部分脱离固着物而过浮游生活的。细胞呈长形,两端大小相同,壳面中部和两端膨大。点条纹横列,无肋纹。左右对称,但无壳缝。细胞内有与壳面平行的纵隔片,但没有贯彻到整个细胞,所以称假隔片。从壳环面看,更为明显,囊体小而多。每细胞有复大孢子1或2个,如图3.2所示。

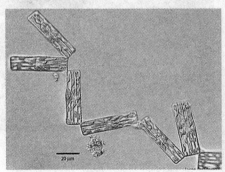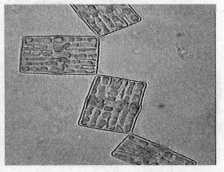

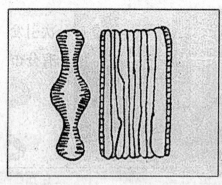

图 3.2　平板藻

（引自：马放等.环境微生物图谱.北京:中国环境科学出版社,2010）

3.3　绿藻

绿藻具有光合色素,典型的绿藻细胞可活动或不能活动。细胞中央具有液泡,色素分布在质体中,质体形状随种类不同而有所变化。细胞壁由两层纤维素和果胶质组成。活性污泥中常见的绿藻有小球藻和水绵。

3.3.1　小球藻

小球藻为绿藻门小球藻,属普生性单细胞绿藻,是一种球形单细胞淡水藻类,直径约 3 ~ 8 μm,是地球上最早的生命之一,也是一种高效的光合植物,以光合自养生长繁殖,分布极广。小球藻细胞内含有丰富的叶绿素,属于单细胞绿藻,是真核生物,光合作用非常强,是其他植物的几十倍。其含有丰富的蛋白质、维生素、矿物质、食物纤维、核酸及叶绿素等,是维持和促进人体健康所不可缺少的营养素。

小球藻细胞微小,呈圆形或略椭圆形,细胞壁薄,细胞内有 1 个杯形或曲带形载色体,细胞老熟时载色体分裂成数块;大多无蛋白核,只有蛋白核小球藻有蛋白核。无性生殖时,原生质分裂形成 2 个、4 个、8 个、16 个似亲孢子,母细胞壁破裂时,孢子放出成为新的植物体。

污泥中小球藻的形态如图 3.3 所示。

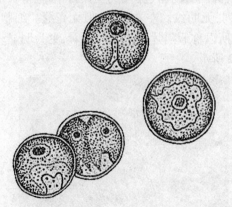

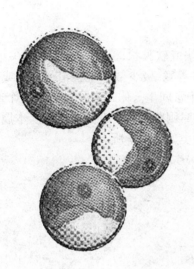
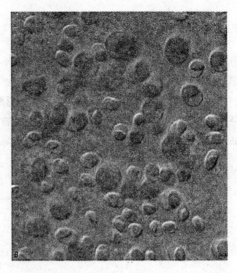

图 3.3　小球藻

3.3.2　水绵

水绵是一种多细胞植物,常见的真核生物,绿色,属绿藻门。藻体是由一列圆柱状细胞连成的不分枝的丝状体。由于藻体表面有较多的果胶质,所以用手触摸时颇觉黏滑。在显微镜下,可见每个细胞中有一至多条带状叶绿体,呈双螺旋筒状绕生于紧贴细胞壁内方的细胞质中,在叶绿体上有一列蛋白核。细胞中央有个大液泡,细胞核位于液泡中央的一团细胞质中。核周围的细胞质和四周紧贴细胞壁的细胞质之间,有多条呈放射状的胞质丝相连。

水绵通常有两种生殖方式:营养繁殖和有性生殖,图 3.4 为常见水绵类型。

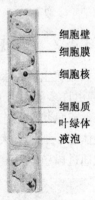

细胞壁
细胞膜
细胞核
细胞质
叶绿体
液泡

图 3.4　常见的水绵及结构示意图

3.4　蓝绿藻

蓝绿藻又称蓝藻,由于蓝色的有色体数量最多,所以宏观上现蓝绿色,是地球上出现的最早的原核生物,也是最基本的生物体。蓝绿藻属自养型生物,它的适应能力非常强,可忍受高温、冰冻、缺氧、干涸及高盐度、强辐射等不良环境条件。活性污泥中常见的蓝绿藻主要包括鱼腥藻属和颤藻属。

3.4.1　鱼腥藻属

　　鱼腥藻属藻体为单一丝体,呈不定形胶质块或软膜状;藻丝等宽或末端尖细,直或不规则的螺旋状弯曲;单生或聚集成群体;藻丝大多等宽,极少数末端狭窄;体直,或为不规则或为规则的螺旋状弯曲。细胞球形或桶形,异形胞常间生。休眠孢子圆柱形,1个或几个成串,紧靠异形胞之间,可抵抗不良环境,当条件适宜时则脱落而萌发为新个体。本属中有不少为固氮种类,有的种产生毒素,活性污泥中常见种类如图3.5所示。

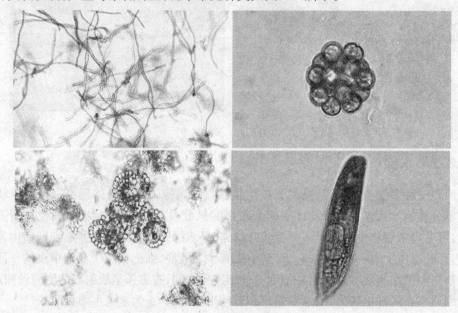

图3.5　鱼腥藻属

3.4.2　颤藻属

　　颤藻属生长在水中能不断颤动,所以称之为颤藻。藻体呈蓝绿色,为不分枝的单条藻丝,或由许多藻丝组成皮壳状或块状的漂浮群体,无鞘或有薄鞘。其为一列饼状细胞或者为短柱形或盘状细胞连成的丝状体,丝状体呈直形或弯曲形,不分枝,大多等宽,有时略变狭。丝状体顶端细胞形状多样,末端增厚或具帽状体,细胞内含物均匀或具颗粒,少数具伪空泡。繁殖通过段殖体繁殖。分布广泛,活性污泥中常见的颤藻类如图3.6所示。

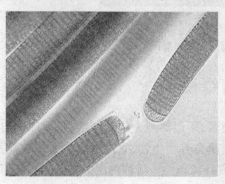

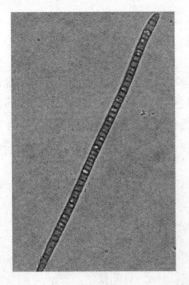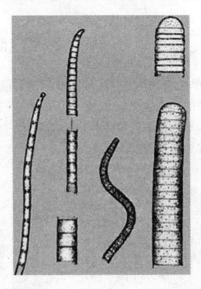

图 3.6　颤藻属

3.5　衣　藻

衣藻又名"单衣藻",藻体为单细胞,呈球形或卵形,前端有两条等长的鞭毛,能游动。鞭毛基部有伸缩泡两个;另在细胞的近前端,有红色眼点一个。载色体呈大型杯状,具淀粉核一枚。无性繁殖产生游动孢子;有性生殖为同配、异配和卵式生殖。在不利的生活条件下,细胞停止游动,并进行多次分裂,外围厚胶质鞘,形成临时群体称"不定群体"。环境好转时,群体中的细胞产生鞭毛,破鞘逸出。活性污泥中衣藻时常出现,如图 3.7 所示。

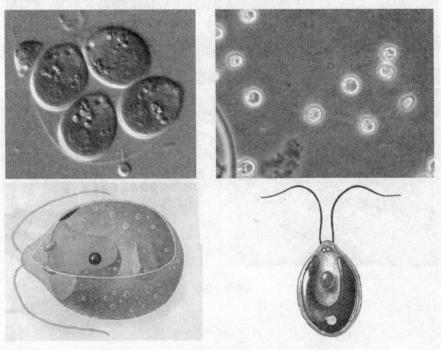

图 3.7　衣藻

3.6 隐 藻

　　隐藻为单细胞,前端较宽,钝圆或斜向平截;多数种类具有鞭毛,能运动。隐藻可进行光合作用,隐藻的颜色变化较大,多为黄绿色、黄褐色,也有蓝绿色、绿色或红色的。生殖多为细胞纵分裂,不具鞭毛的种类产生游动孢子,有些种类产生厚壁的休眠孢子,有时在活性污泥中出现,常见的种类如图3.8所示。

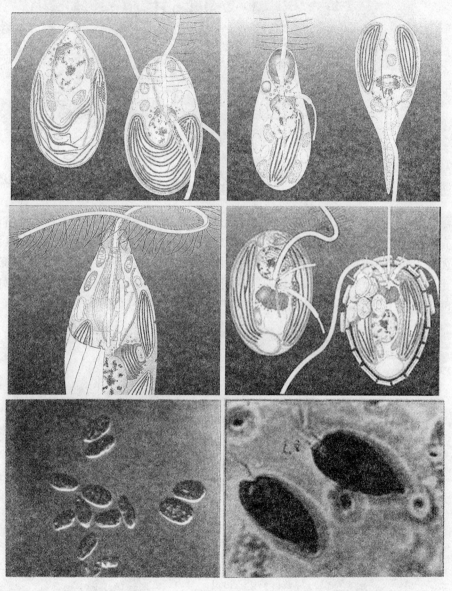

图 3.8　隐藻

3.7　袋鞭藻

袋鞭藻细胞多为纺锤形,少数为其他形状,表面多数柔软而形状易变,具线纹,有 2 根鞭毛,长的 1 根直向前方,较粗,为游泳鞭毛,短的 1 根向后弯转,不易见到,为拖曳鞭毛。色素体缺乏,营吞噬性营养。核明显易见,无眼点,如图 3.9 所示。

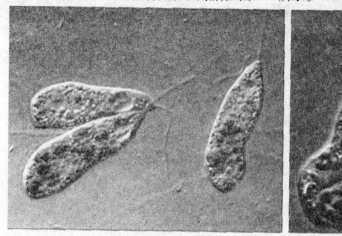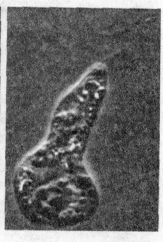

图 3.9　袋鞭藻

（引自:马放等.环境微生物图谱.北京:中国环境科学出版社,2010)

第4章 活性污泥中的原生动物

活性污泥中存在大量的原生动物,属于真核原生生物界。原生动物的个体一般较小,长度在 $100 \sim 300 \ \mu m$ 左右,大多数为单核细胞,少数具有两个或两个以上细胞核。原生动物在生理上相对比较完善,具有营养、呼吸、排泄和生殖等多种功能机制。

原生动物的营养方式主要有以下几种类型:

(1)植物性营养。细胞含色素,能进行光合作用。

(2)动物性营养。主要以其他生物如细菌、真菌和藻类等为食。

(3)腐生性营养。主要以死的机体或无生命的可溶性有机物质为生。

(4)寄生性营养。以其他生物的机体作为生存的场所,来获取营养和能量。

污水处理过程中,生物处理常见的原生动物包括鞭毛虫、变形虫和纤毛虫三类。

4.1 鞭毛虫

4.1.1 植物型眼虫藻

眼虫藻亦称"裸藻"。藻体为单细胞,呈长梭形或圆柱形而略带扁平,由前端小凹陷生出细长鞭毛一条,借此游动。鞭毛基部附近有红色小点,能感光,称"眼点"。有些种类有细胞壁,有些种类则无。绝大多数种类体内含色素体,能进行光合作用,但有的种类也能摄取有机物。在含有机质较多的水中,生长代谢旺盛时,能使水变绿色。眼虫藻种类很多,常见的是绿眼虫藻,如图 4.1 所示。

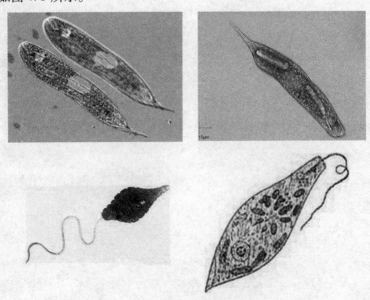

图 4.1 植物型眼虫藻

4.1.2　波豆虫

波豆虫虫体赤裸,自由游泳或有时用鞭毛固着。2 根鞭毛中其中 1 根为游泳鞭毛,两者均有基粒,用柔细的鞭毛根和动核连接;伸缩泡 1~3 个,裂殖。污泥中常见的波豆虫如图 4.2 所示。

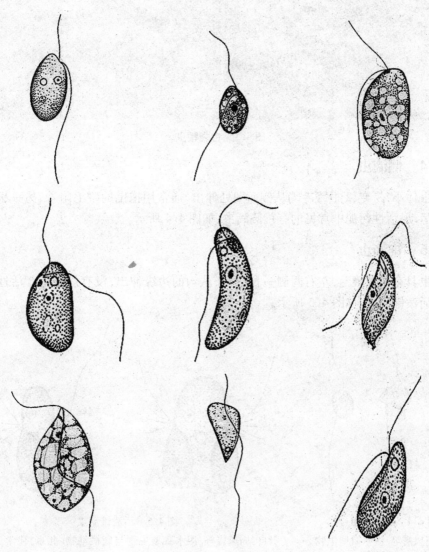

图 4.2　波豆虫
(引自:周凤霞等.淡水微型生物与底栖动物.北京:化学工业出版社,2011)

4.1.3　粗袋鞭虫

粗袋鞭虫身体静止时变动较大,无一定形式,行动时总是纵长,后端比较宽阔而呈截断状或浑圆。身体自后端渐细削;一根粗状的鞭毛从前端伸出,和本体等长,行动时笔直地指向前方,另一根细而短的鞭毛伸出后即向后弯转,附在本体的表膜上,不容易看出。

粗袋鞭虫食物来源比较广泛,摄食细菌、藻类、原生动物等,生态环境比较广。在 BOD

负荷低,溶解氧浓度高水质时出现。活性污泥中的粗袋鞭虫如图4.3所示。

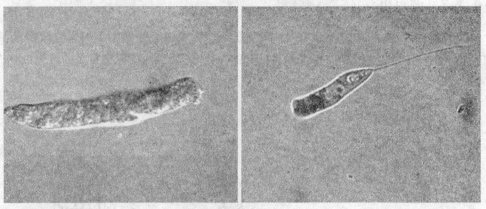

图4.3　粗袋鞭虫

4.1.4　侧滴虫

侧滴虫体小,易变,2根鞭毛均从侧面凹处伸出,通常用拖曳的鞭毛附着,另一根鞭毛则无休止地运动,活性污泥中常见的有跳侧滴虫,如图4.4所示。

4.1.5　锥滴虫

锥滴虫具有8根鞭毛,左右两侧一长三短,从沟的边缘伸出,没有舵鞭毛。活性污泥中常见的是活泼锥滴虫,如图4.5所示。

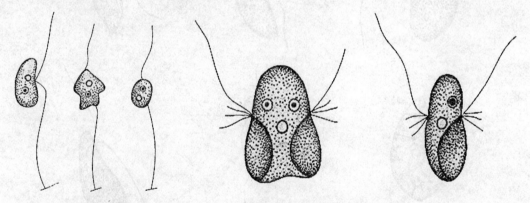

图4.4　跳侧滴虫
(引自:周凤霞等.淡水微型生物与底栖动物.北京:化学工业出版社,2011)

图4.5　活泼锥滴虫
(引自:周凤霞等.淡水微型生物与底栖动物.北京:化学工业出版社,2011)

4.2　变形虫

在多个伪足中总是有一个优势的伪足,在主身体上有一些较短的伪足伸出,伪足内常可见明显的脊状延伸,顶端常有半球形的透明帽,行动很快时也可变成单伪足。活性污泥中常见的种有大变形虫、表壳虫、砂壳虫、鳞壳虫等。

4.2.1　大变形虫

大变形虫是变形虫中最大的种,但直径也仅有 200~600 μm。活的大变形虫的体形在不断地改变着,但里面的结构却比较简单。它的体表为一层极薄的质膜,在质膜的下面没有颗粒,均质透明的一层为外质;在外质的里面为流动的内质,内具有颗粒,其中有扁盘形的细胞核、伸缩泡、食物泡以及处在不同消化程度的食物颗粒等。内质又可以再分为两部分,处在外层的相对固态的称为凝胶质,在其内部呈液态的称为溶胶质。伪足不仅是大变形虫的运动器,也有摄食的作用。它主要以单胞藻类、小的原生动物等为食。常见的大变形虫如图4.6 所示。

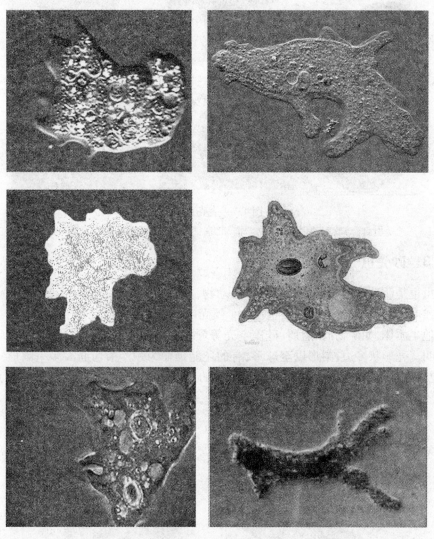

图 4.6　大变形虫

4.2.2　表壳虫

表壳虫具有叶状伪足。小型个体,壳直径为 0.1~0.2 mm,壳高为 0.05~0.08 mm。壳由透明的几丁质似的物质组成。俯观时,壳呈圆形;侧面观时,壳背拱起为圆弧形,如图 4.7

所示。壳口在腹面的中央,背面与口面连接的基角明显翘出。壳口内陷,通常可达壳高的三分之一,在接近壳口处时可以看到一个轻微的口前弧弯。通常不具有口管。表膜上的点子凹洞较大,排列较整齐。伪足呈指状。生活时,表壳上有浓密的麻点,壳色随日龄由无色变为淡黄色、棕色或深褐色等。

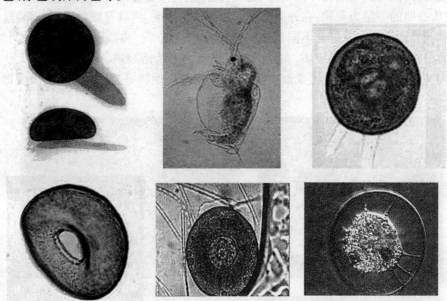

图 4.7　表壳虫

(引自:马放等. 环境微生物图谱. 北京:中国环境科学出版社,2010)

4.2.3　砂壳虫

砂壳虫也是活性污泥中常见的一种原生动物,如图 4.8 所示。大小为 30 ~ 300 μm,能伸出片状或叶状的伪足,整个原生质包在一个硬壳内。壳除了内层有几丁质内膜外,其外还黏附着其他生质体,如矿物屑、岩屑、硅藻空壳等颗粒构成的表层,而且颗粒很多,以致壳面粗糙不透明。壳形状多边,梨形以至球形,有的还能延伸为颈。横切面大多呈圆形,口在壳体一端,位于主轴正中,壳口的边缘有的光滑,有的呈齿状或叶片状。胞质占了壳腔大部分,常用原生质线固定于壳的内壁上。核一般只 1 个,伸缩泡 1 个至多个。伪足为指状,一般 2 ~ 6 个。

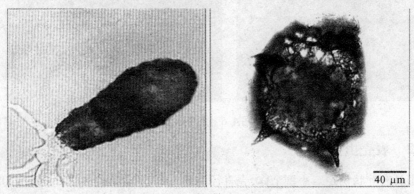

40 μm

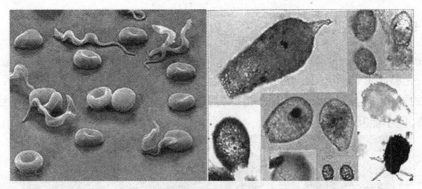

图 4.8　砂壳虫

（引自：马放等. 环境微生物图谱. 北京：中国环境科学出版社,2010）

4.2.4　鳞壳虫

鳞壳虫壳透明,一般为卵形或长卵形,横切面是圆形或椭圆形。壳的内层由几丁质组成,表层由自生质体组成。自生质体由椭圆形或圆形的硅质鳞片组成,鳞片的边缘相互衔接。壳的外表形成规则的六角形小格子,这是由于每个鳞片都与周围的六个鳞片衔接所致。整个壳表面全部被这些规则的鳞片覆盖,呈叠瓦状。壳口位于前端,呈圆形或卵圆形,周围的鳞片上通常有齿,与壳体的鳞片形状不同,有的种类壳体上还装有刺,伪足为丝状,交织成网状。常见的鳞壳虫如图 4.9 所示。

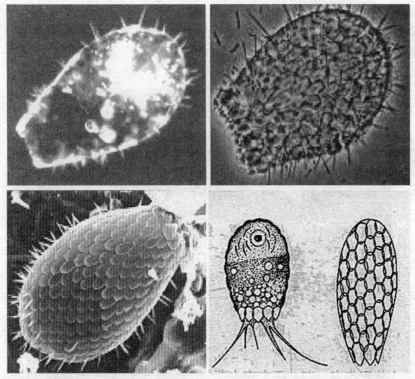

图 4.9　鳞壳虫

（引自：马放等. 环境微生物图谱. 北京：中国环境科学出版社,2010）

4.2.5　拟砂壳虫

活性污泥中的拟砂壳虫如图4.10所示。壳除了几丁质内膜外,还在表面覆盖有它生质体的沙粒,壳卵圆形,横切面圆或椭圆,壳口位于前端。胞质内有一个核,位于体后部,1个伸缩泡。壳的外形和构造与砂壳虫十分相似,但伪足有很大区别。本属的伪足呈线状,长而直,能分枝,但不能互相结合。

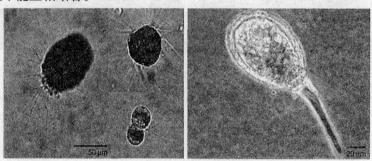

图4.10　拟砂壳虫

(引自:马放等.环境微生物图谱.北京:中国环境科学出版社,2010)

4.2.6　棘阿米巴

棘阿米巴有滋养体期和包囊期。滋养体是棘阿米巴的活动形式,为长椭圆形,直径为15~45 μm。在适宜环境下表面伸出多数棘状突起,称为棘状伪足,无鞭毛型,以伪足缓慢移动。通常依靠细菌为食物,以二分裂方式进行繁殖,繁殖周期平均约为10 h。不同种的棘阿米巴包囊的形态和大小各异,有圆球形、星形、六角形、多角形等。活性污泥中常见的类型如图4.11所示。

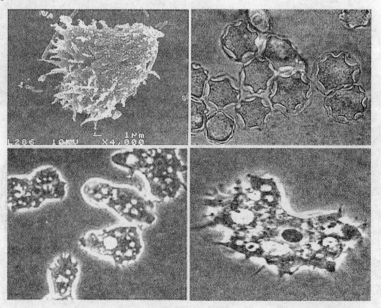

图4.11　棘阿米巴

(引自:马放等.环境微生物图谱.北京:中国环境科学出版社,2010)

4.3　纤毛虫

纤毛虫是具有纤毛的单细胞生物,纤毛为用以行动和摄取食物的短小毛发状小器官。纤毛通常呈行列状,可汇合成波动膜、小膜或棘毛。绝大多数纤毛虫具有一层柔软的表膜和近体表的伸缩泡。纤毛虫滋养体为圆形或椭圆形,无色透明或呈淡绿灰色,外被表膜覆盖斜纵行的纤毛,包绕整个虫体,如图 4.12 所示。

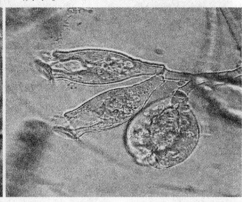

图 4.12　纤毛虫

活性污泥中纤毛虫种类和数量相对较多,主要有自由游泳性纤毛虫、匍匐型纤毛虫和固着型纤毛虫。其中自由游泳型纤毛虫包括草履虫、豆形虫、肾形虫、周毛虫、四膜虫、漫游虫等,匍匐型纤毛虫包括楯虫、斜管虫、游仆虫、棘尾虫、吸管虫等,固着型纤毛虫包括独缩虫、钟形虫、盖虫、钟虫等。

4.3.1　自由游泳型纤毛虫

4.3.1.1　草履虫

草履虫是一种身体很小、圆筒形的原生动物,它只由一个细胞构成,是单细胞动物,雌雄同体。最常见的是尾草履虫。体长只有 180 ~ 280 μm。它和变形虫的寿命最短,以小时来计算,寿命时间为一昼夜左右。因为它身体形状从平面角度看上去像一只倒放的草鞋底而叫做草履虫,如图 4.13 所示。

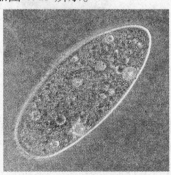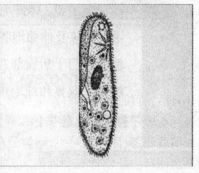

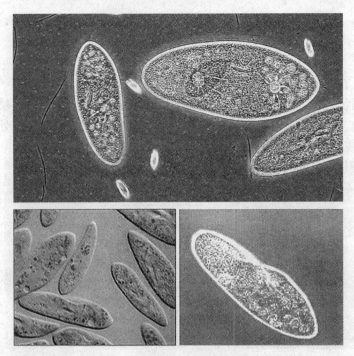

图 4.13　草履虫

4.3.1.2　豆形虫

豆形虫体宽,卵形,前端向腹面弯转,后端浑圆,胞口在腹面前 1/4 ~ 1/3 的凹陷处,口前缝合线向左弯曲,大核椭圆形,在中部,伸缩泡位于中部或稍下,如图 4.14 所示。

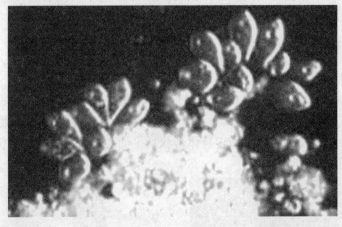

图 4.14　豆形虫

4.3.1.3　肾形虫

肾形虫属体肾形,背腹扁平,体右缘呈弧形,左缘平直,突口下方常突起,在虫体中部或偏前,呈一浅的洼窝,即门前庭。前庭壁上有不易看清的前庭纤毛,有的种类可伸出长须状的纤毛。胞口在前庭底部;体纤毛对生,均匀分布,纤毛行列从凹口前的左缘("龙骨")起向右作同心层的围绕凹口。外质常有刺丝泡。大核 1 个,圆形,有 1 ~ 3 个小核,伸缩泡 1 个,在末端,活性污泥中常见种如图 4.15 所示。

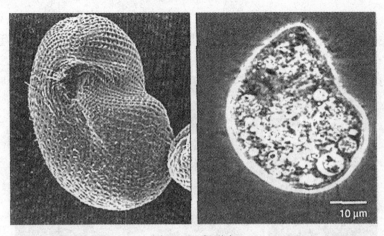

图 4.15　肾形虫

（引自：马放等. 环境微生物图谱. 北京：中国环境科学出版社，2010）

4.3.1.4　喇叭虫

　　喇叭虫虫体呈喇叭状（少数圆筒形），身体上布满了纤毛，体前端小膜口缘区长有按顺时针排列的许多小膜结构，大多数喇叭虫就是通过小膜的运动，如图 4.16 所示，将细菌、藻类、原生动物等旋转着导入胞口内，食物泡中的残渣经体上方伸缩泡旁的胞肛排出体外。体纤毛完全，后端尖细，大核形式多样，伸缩泡 1 个，前后各有一条小管，体极微小，较大种肉眼可见。

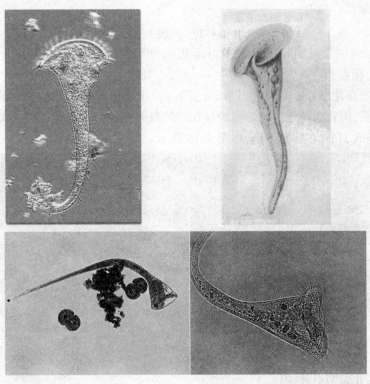

图 4.16　喇叭虫

4.3.1.5　四膜虫

四膜虫与一般人所熟知的草履虫在形态生理上十分相似。四膜虫外观呈椭圆长梨状，体长约 50 μm,全身布满数百根长约 4~6 μm 长的纤毛,纤毛排列成数十条纵列,是不同种间纤毛虫分类的特征之一。四膜虫身体前端具有口器,有三组三列的口部纤毛,如图 4.17 所示。

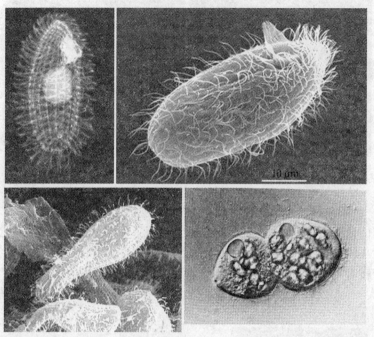

图 4.17　四膜虫

(引自:马放等.环境微生物图谱.北京:中国环境科学出版社,2010)

4.3.1.6　漫游虫

漫游虫体呈宽片形和短的柳叶刀形,可变形,后部较前半部宽。末端浑圆或钝圆,而尾部削细。颈不长,向背面微弯。胞口裂缝状在颈的腹面,口侧无刺丝泡存在,大核 2 个,中间小核未见,伸缩泡 1 个,在后端一侧,如图 4.18 所示。

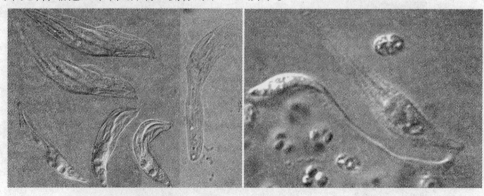

图 4.18　漫游虫

4.3.2　匍匐型纤毛虫

4.3.2.1　楯虫

楯虫体小,呈卵圆形,表膜坚硬而不变形,小膜口缘区高度退化,前触毛核腹触毛共 7

根,臀触毛 5~12 根。背面有纵肋,腹面左下口缘区无明显的刺,背面有 6 条纵肋,如图 4.19
所示。

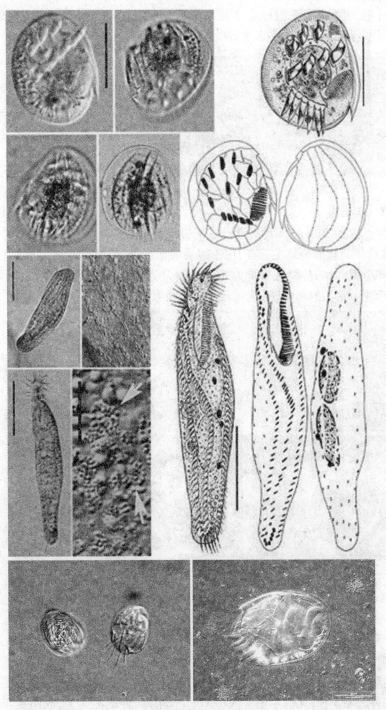

图 4.19　楯虫

(引自:马放等.环境微生物图谱.北京:中国环境科学出版社,2010)

4.3.2.2 棘尾虫

棘尾虫体呈椭圆形,腹面扁平,背面隆起,坚实、不弯曲变形,小膜口缘区较发达,每侧各有一行侧缘纤毛,腹面前有8根触毛,5根腹触毛,5根肛触毛。末端有3根尾触毛特别硬且长,其末形成缘,缘触毛在体末不汇合,如图4.20所示。

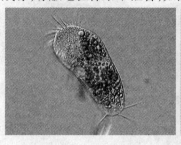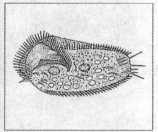

图4.20　棘尾虫

4.3.2.3 斜管虫

斜管虫种类较多,其中很多种类活动在无脊椎动物的身体上。通常为椭圆形,前端左缘有"吻"突,背腹平。腹面有纤毛,胞门位于腹面的前半部,胞咽由刺杆组成"篮咽"。胞口的前额处有一排小膜,口前接缝线伸向左前角。以口为界,腹纤毛分为左、右两部,如图4.21所示。活性污泥中常见的种类是钩刺斜管虫,如图4.22所示。

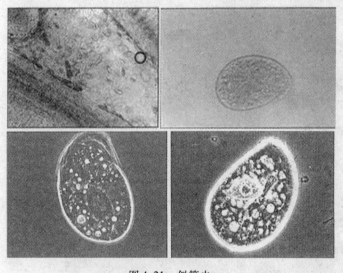

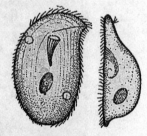

图4.22　钩刺斜管虫
(引自:周凤霞等.淡水微型生物与底栖动物.北京:化学工业出版社,2010)

图4.21　斜管虫
(引自:马放等.环境微生物图谱.北京:中国环境科学出版社,2010)

4.3.2.4 游仆虫

游仆虫体坚实而不弯曲,小膜口缘区非常宽阔,前触毛6根或7根,腹触毛2根或3根,尾触毛4根,臀触毛5根,无缘触毛。大核1个,长带形,伸缩泡1个,如图4.23所示。活性污泥中常见的游仆虫是近亲游仆虫,体卵圆形,背面5或6条纵肋。小膜口缘平缓右旋达虫体中部,如图4.24所示。

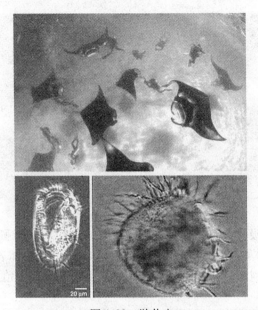

图 4.23　游仆虫

（引自：马放等. 环境微生物图谱. 北京：中国环境科学出版社，2010）

4.3.2.5　轮毛虫

轮毛虫体呈卵形，背面突起，外质盔甲化，无纤毛，常有纵肋。腹面平，纤毛列 4 行，胞口在腹面右侧。胞咽由细长的刺杆组成，体后伸出一尾刺。大核 1 个，为异质核型，前半部有一核内体，后半部有不能染色的粒体。伸缩泡 2 个，常见的轮毛虫如图 4.25 所示。

4.3.2.6　吸管虫

吸管虫幼体期自由游泳；成体无纤毛，一般不游泳（固着），用触手代替口摄取食物。触手有分布全身的，有分布在不同区域的，吸管虫以内出芽或外出芽产生幼体。但是，多数为分裂生殖。

由于吸管虫幼体有纤毛，成虫纤毛消失，取而代之的是长短不一的吸管，吸管分布于全身或局部。有的吸管膨大，有的修尖，虫体呈球形、倒圆锥形或三角形等，没有胞口，靠一根柄固着生活，当幼虫固着在固

图 4.24　近亲游仆虫

（引自：周凤霞等. 淡水微型生物与底栖动物. 北京：化学工业出版社，2011）

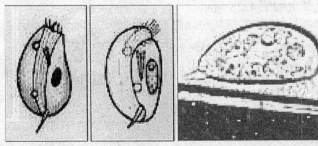

图 4.25　轮毛虫

（引自：马放等. 环境微生物图谱. 北京：中国环境科学出版社，2010）

体物质上后，尾柄生出，纤毛脱落，如图 4.26 所示。

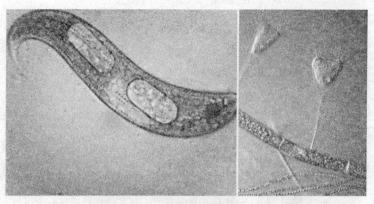

图 4.26　吸管虫

　　活性污泥中常见的吸管虫有壳吸管虫、足吸管虫、球吸管虫和锤吸管虫。

　　(1)壳吸管虫。虫体背腹扁,鞘略扁平,左右对称,后端无柄,体表为一透明鞘,前端两侧各长 1 束透明吸管,乳头状触手多汇集为 2 簇(或 3 簇),内出芽生殖,体内有 1 椭圆形大核,1 小核,如图 4.27 所示。

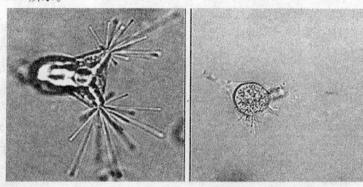

图 4.27　壳吸管虫
(引自:马放等.环境微生物图谱.北京:中国环境科学出版社,2010)

　　(2)足吸管虫。足吸管虫又称为固着吸管虫。成体为圆球形,虫体约 200 μm,身体的一端有一长柄,个体即借此柄附着在其他物体上。体表长有许多辐射状排列的触手,触手为中空的管状,末端膨大成球状吸盘。触手可自由伸缩。身体内部有一个卵圆形的大核和数个小核,伸缩泡 2~8 个,食物泡若干个。幼体呈卵圆形,表面有纤毛,营自由生活,体内一个大核及数个小核。足吸管虫如图 4.28 所示。

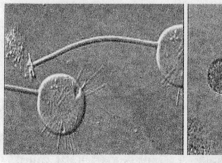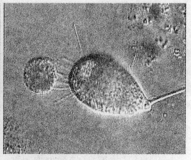

图 4.28　足吸管虫
(引自:马放等.环境微生物图谱.北京:中国环境科学出版社,2010)

（3）球吸管虫。体圆球形,无鞘和柄,触手乳头状,分布于全身。无性繁殖为外出芽生殖和二分裂生殖,在水体中自由漂浮或用触手附着在其他有机体上进行营寄生生活。活性污泥中常见的球吸管虫如图4.29所示。

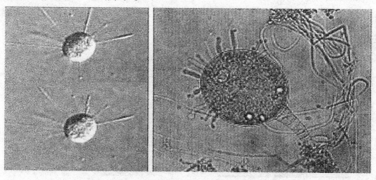

图4.29　球吸管虫

（引自:马放等.环境微生物图谱.北京:中国环境科学出版社,2010）

（4）锤吸管虫。体倒梨形或角锥形,无鞘,前端有乳头状触手2～4簇,柄长而柔细,内出芽生殖,常见的锤吸管虫如图4.30所示。

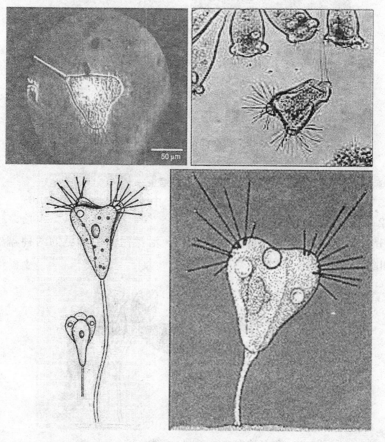

图4.30　锤吸管虫

4.3.3 有柄纤毛虫

4.3.3.1 独缩虫

独缩虫柄分枝形成群体,肌丝在柄的分叉处互不相连。肌丝扭曲,柄收缩时螺旋盘绕。大核及伸缩泡各 1 个,如图 4.31 所示。

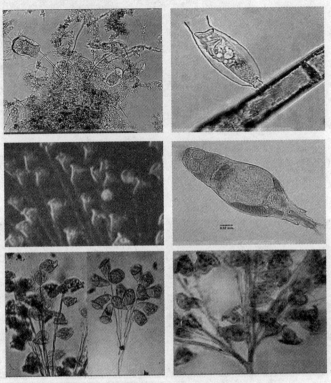

图 4.31 独缩虫

(引自:马放等. 环境微生物图谱. 北京:中国环境科学出版社,2010)

4.3.3.2 盖虫

盖虫柄分枝形成群体,大核及伸缩泡各 1 个。活性污泥中常见的两种盖虫是微盘盖虫和集盖虫,如图 4.32 和图 4.33 所示。

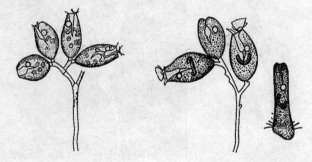

图 4.32 微盘盖虫　　　　图 4.33 集盖虫

(引自:周凤霞等. 淡水微型生物与底栖动物. 北京:化学工业出版社,2011)

4.3.3.3 鞘居虫

鞘居虫鞘呈圆筒形或瓶形,直立,鞘无柄,虫体多无柄,在水体中以游泳幼体或固着生活时,会由于其他生物运动摄食的影响而漂浮在水体中。活性污泥中常见的鞘居虫形态如图 4.34 所示。

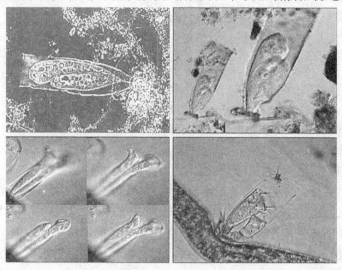

图 4.34 鞘居虫

(引自:马放等.环境微生物图谱.北京:中国环境科学出版社,2010)

4.3.3.4 钟虫

钟虫体形如倒置的钟,群体生活,柄分叉呈树枝状,每根枝的末端挂了钟形的虫体。无论是单个的或是群体的种类,在废水生物处理厂的曝气池和滤池中生长得十分丰富,能促进活性污泥的凝絮作用,并能大量捕食游离细菌而使出水澄清。因此,它们是监测废水处理效果和预报出水质量的指示生物,如图 4.35 所示。活性污泥中常见的类型有白钟虫、长钟虫、条纹钟虫等,如图 4.36 所示。

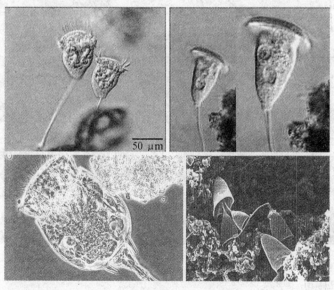

图 4.35 钟虫

(引自:马放等.环境微生物图谱.北京:中国环境科学出版社,2010)

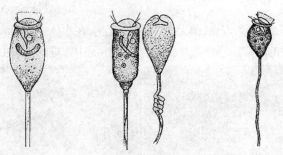

图 4.36　白钟虫、长钟虫和条纹钟虫（从左往右）
（引自：周凤霞等.淡水微型生物与底栖动物.北京：化学工业出版社,2011）

4.3.3.5　聚缩虫

独缩虫为环状平行排布的银线,其幼体为游泳体,在水中游动时,在适宜条件下可以固着在有机物上,然后长出一柄继而繁殖形成群体,如遇到不适条件,聚缩虫前端口缘内缩,身体延长呈椭圆形,脱离柄变为休眠体,待条件适宜时重新形成游泳体。聚缩虫与独缩虫相似,主要区别在于柄与分叉处的肌丝相连接,且肌丝多在柄鞘的中央而不呈波浪式扭曲,虫体表膜具有细弱的条纹,伸缩泡位于虫位顶端,柄收缩时呈"之"字形而不是螺旋形,活性污泥中的种类如图 4.37 所示。

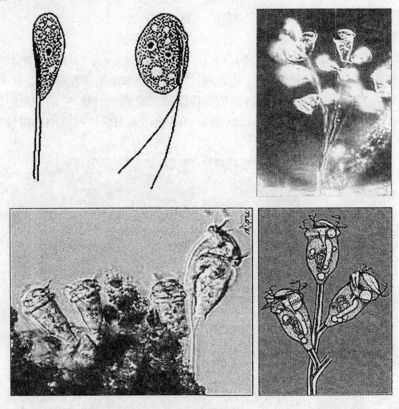

图 4.37　聚缩虫

4.3.3.6　累枝虫

累枝虫表膜纵向,纤维单一而细密,口围盘纤维呈网状,两者在整体上形成一个完整的兜网状,累枝虫细胞表膜柔软,体型相对较大,长为 180～250 μm,伸缩泡位于虫体背部,核上端自口围唇起,下端止于反口纤毛环处,大核为纵贯细胞的"L"字形。虫体前端有膨大的围口唇,群体,柄无肌丝且不收缩,如图 4.38 所示。累枝虫着生在各种水生动植物体上,个别种营浮游生活,活性污泥中常见的有褶皱累枝虫,如图 4.39 所示。

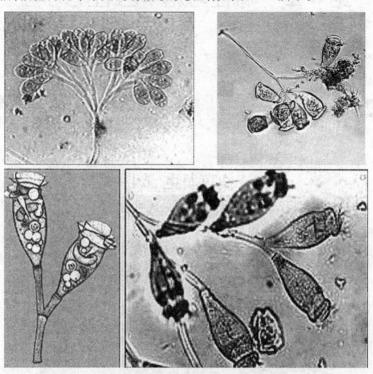

图 4.38　累枝虫

(引自:马放等.环境微生物图谱.北京:中国环境科学出版社,2010)

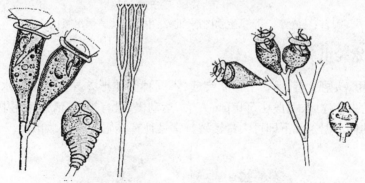

图 4.39　褶皱累枝虫(左)和瓶累枝虫(右)

(引自:周凤霞等.淡水微型生物与底栖动物.北京:化学工业出版社,2011)

第5章 活性污泥中的后生动物

5.1 轮虫

活性污泥中存在多种轮虫,它具有初生体腔,是最小的后生动物,大多为底栖种类。轮虫体形很小,长度为 $4 \sim 4\,000\ \mu m$,多数在 $500\ \mu m$ 左右,容易被误判为原生动物的纤毛虫类,需在显微镜下观察,如图5.1所示。

废水生物处理中的轮虫为自由生活的,身体为长形,分头部、躯干及尾部,头部有一个由 $1 \sim 2$ 圈纤组成的、能转动的轮盘,形如车轮故叫轮虫。轮盘为轮虫的运动和摄食器官,咽内有一个几丁质的咀嚼器。躯干呈圆筒形,背腹扁宽,具刺或棘,外面有透明的角质甲腊。尾部末端有分叉的趾,内有腺体分泌黏液,借以固着有其他物体上。雌雄异体,卵生,多为孤雌生殖。活性污泥中常见的轮虫主要有水轮虫、须足轮虫、旋轮虫、龟甲轮虫、腔轮虫、狭甲轮虫等。

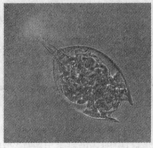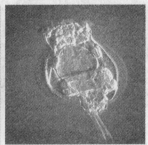

图 5.1　轮虫

(引自:马放等. 环境微生物图谱. 北京:中国环境科学出版社,2010)

5.1.1　水轮虫

水轮虫无甲,头冠上有 $3 \sim 5$ 个棒状突起,不同种间体形差异大。锥尾水轮虫呈倒圆锥形,透明。水轮虫个体大,一般在 $500\ \mu m$ 左右,运动慢,没有被甲,活性污泥中的种群数量较多,在融冰后的低水温条件下即可大量繁殖。常见种有椎尾水轮虫,如图5.2所示。

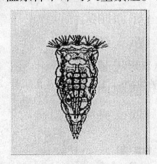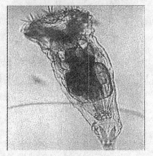

图 5.2　水轮虫

(引自:马放等. 环境微生物图谱. 北京:中国环境科学出版社,2010)

5.1.2 须足轮虫

须足轮虫被甲,腹面一般扁平,背部拱起,有或无龙骨,侧面扩张或成羽状,外形呈卵圆形或梨形,背面末端具"V"形凹陷。足很短,2~3 节,2 个趾,较大,呈箭形或针形,活性污泥中常见的须足轮虫如图 5.3 所示。

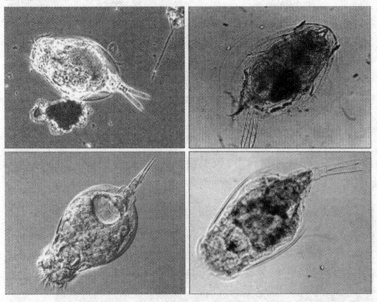

图 5.3 须足轮虫

(引自:马放等.环境微生物图谱.北京:中国环境科学出版社,2010)

5.1.3 旋轮虫

旋轮虫具有 1 对眼点,总是位于背触手之后的脑的背面,比较大一些而且显著,两眼点之间的距离也比较宽。整个身体特别是躯干部分短而粗壮。躯干和足之间有明确的界限,可以把二者区别开来。吻比较短而阔,足末端的趾有 4 个,齿的形式一般也为 2/2 型。是卵生而不是胎生。旋轮虫大多生活在淡水中,但在活性污泥中只看到一种,如图 5.4 所示。

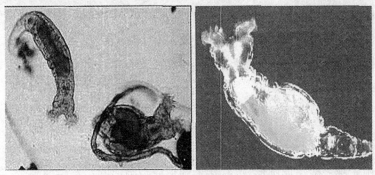

图 5.4 旋轮虫

5.1.4 龟甲轮虫

龟甲轮虫个体小,被甲厚而坚硬,被甲被线纹分割成若干多角形的板片,如同龟甲,前端有3对不规则的棘刺,有的还有后棘刺1~2条,无足,是典型的浮游种类,分布普遍,温幅广,一年四季(包括冰下)都可找到大量个体,活性污泥中也常见,如图5.5所示。

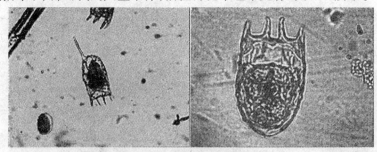

图5.5　龟甲轮虫

5.1.5　平甲轮虫

平甲轮虫被甲或多或少,背腹扁平,被甲前缘有棘,后缘具细齿,足3节,仅部分能伸缩,趾短,活性污泥中常见的种类如图5.6所示。

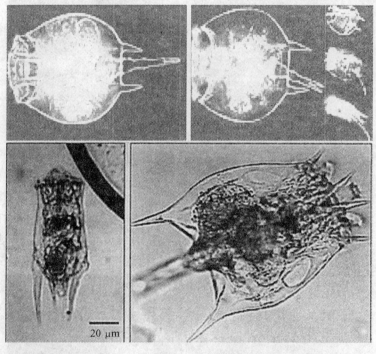

图5.6　平甲轮虫

(引自:马放等.环境微生物图谱.北京:中国环境科学出版社,2010)

5.1.6　腔轮虫

腔轮虫被甲轮廓一般呈卵圆形,也有接近圆形或长圆形的。背腹面扁平,整个被甲系一片背甲及一片腹甲在两侧和后端,为柔韧的薄膜联结在一起而形成。两侧和后端就有侧沟及后侧沟的存在。足很短,一共分成2节,只有后面一节能动。2个趾,趾比较长。种类非常多,均为底栖,活性污泥中可常见,如图5.7所示。

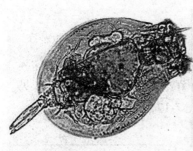
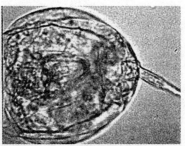

图 5.7 腔轮虫

5.1.7 狭甲轮虫

活性污泥中存在一定数量的狭甲轮虫,体形较小,头部最前端具有能伸缩的钩状小甲片,足 3 ~ 4 节,被甲由左右两片侧甲片在背面愈合在一起而成,腹面则或多或少开裂,并具有显著的裂缝。左右甲片总是侧扁,从背腹面观看就显得很狭窄,这是狭甲轮虫的主要特征之一。从侧面观背甲前端浑圆,或少许瘦削而倾向尖锐化,后端极少浑圆,大多数向后瘦削比较突出,使最后形成一尖角。头部最前端总有一掩盖头冠的钩状小甲片。当个体游动时,这一小甲片在前面张开,形状像一顶伞。狭甲轮虫具有一定的游泳能力,但生活方式仍以底栖为主,如图 5.8 所示。

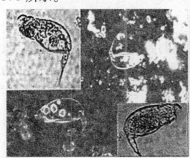
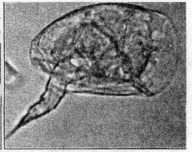

图 5.8 狭甲轮虫
(引自:马放等.环境微生物图谱.北京:中国环境科学出版社,2010)

5.2 线 虫

线虫的虫体为长线形,在水中的长度一般 0.25 ~ 2 mm,断面为圆形,显微镜下可清晰看见。线虫体内有神经系统,前端口上有感觉器官,消化道为直管,食道由辐射肌组成。线虫分为寄生和自由生活两种。自由生活的线虫体两侧的纵肌可交替收缩,使虫体做蛇状的拱曲运动。在污水生物处理中的线虫多是自由生活的,常生活在水中有机淤泥和生物膜上,它们以细菌、藻类、轮虫和其他线虫为食,在缺氧时会大量繁殖,是污水生物处理中净化程度差的指示生物,如图 5.9 所示。

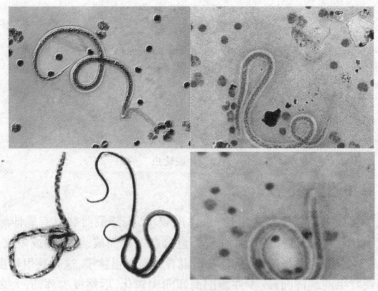

图 5.9　线虫

5.3　钢毛虫

　　钢毛虫属于环节动物,或分节蠕虫,有一个充满液体及对称的身体。属于科属中的多毛类,有数对桨状的附属物,上面长着微小的类似毛刷的结构。其中有一个品种,叫做火刺虫,刚毛里面充满了毒液,当刺中皮肤的时候,也容易脱落。刚毛虫通常有很强的感觉器官,包括眼睛、触角和感官触须。可以生活在各种水环境,活性污泥中常见种类如图 5.10 所示。

图 5.10　钢毛虫

5.4　红蚯蚓

　　红蚯蚓个体较小,一般体长为 50～70 mm,直径为 3～6 mm,可达 90～150 mm,体色紫红,并随饲料、水、光照而改变深浅。优点是:体腔厚,肉多,寿命长,适应性强。活性污泥中常见的红蚯蚓如图 5.11 所示。

图 5.11　红蚯蚓

5.5　水丝蚓

水丝蚓体色褐红,后部呈黄绿色。背部仅有钩状刚毛,末端有二叉。腹刚毛形状相似。雄性交接器具有狭长、末端呈喇叭口状的阴经鞘,如图 5.12 所示。

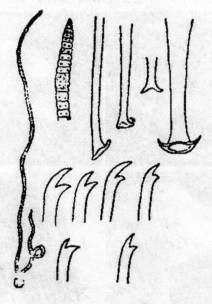

图 5.12　水丝蚓

5.6　剑水蚤

剑水蚤头胸部为卵圆形,胸部 5 自由节,腹部细长,4 节分界明显。尾叉的背面有纵行隆线,内缘有 1 列刚毛。第 1 触角分 14～17 节(很少为 18 节),末 3 节侧缘有 1 列小刺。第 1～4 胸足的内、外枝均分 3 节。第 5 胸足分 2 节,它的基节与 5 胸节明显分离,外末角附长羽状刚毛 1 根,末节较为长大,表面大多均有小刺,内缘中部或近末部具有 1 强刺,末缘附长大的羽状刚毛 1 根,纳精囊一般呈圆形,如图 5.13 所示。

图5.13　剑水蚤

5.7　水熊

　　水熊一般不超过1 mm长,有1个头节及4个躯节,有4对腿从躯部伸出,腿有爪,头节中有脑,分出两纵条的腹神经索,每条腹神经索有4个神经节,口在顶端偏向腹面;前肠有2个分泌腺及排泄腺(颊腺)以及钙质的可伸出的蜇及吸吮的咽,后肠开口于腹肛门。卵巢是不成对的囊,输卵管开口于腹面或通向直肠,有3个直肠腺。无呼吸及循环系统。雌雄异体,是卵生的,直接发育,活性污泥中存在少量水熊,如图5.14所示。

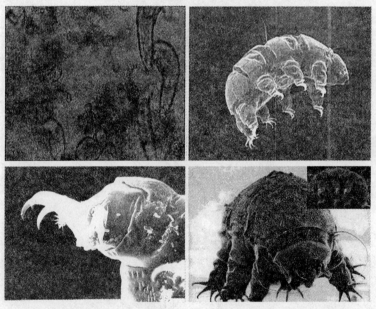

图5.14　水熊

(引自:马放等.环境微生物图谱.北京:中国环境科学出版社,2010)

下篇 活性污泥微生物观察图解

第6章 显微镜技术

6.1 显微镜原理

显微镜技术就是利用复合显微镜或立体双目显微镜来确定混合液或其他废水样品中主要生物组成的种属和数量,混合液中的常见生物组成见表6.1。一般情况下,复合显微镜应用的较多,复合显微镜可以是亮视野或相称的。

表6.1 混合液中的生物

放线菌	线虫
藻类	原生动物
细菌	轮形虫
分散生长物	螺旋菌
丝状生物	四联球菌
扁形虫或腹毛类	水熊
絮状颗粒	菌胶团
真菌	

应用于实验室中的复合显微镜包含两个透镜,即目镜和物镜,如图6.1所示。大多数细菌的直径小于 $2\ \mu m$,人的肉眼最多只能看清 $0.1\ mm$ 或 $100\ \mu m$ 的物体,而复合显微镜可以放大肉眼看不见的微生物中重要结构,见表6.2。

表6.2 亮视野显微镜与相称显微镜的比较

项目	显微镜	
	亮视野	相称
光源	透射光	透射光
透镜	光学透镜	光学透镜和绕射板
图像	亮背景下的光照对象	同相的光波
总放大倍数	1 000×	1 000×
价格	便宜	昂贵
染色	经常需要	很少需要
被观察的样品	活体或尸体	活体或尸体

显微镜下的物体以 μm 或 nm 来度量。1 μm = 1/1 000 000m 或 1 μm = 1/1 000 mm。1 nm = 1/1 000 μm。细菌、真菌、原生动物、轮形虫是典型的以 μm 度量的微生物。大肠杆菌大小接近 2 μm×1 μm,病毒的大小以 nm 计。

显微镜中靠近眼睛的透镜是目镜。一些显微镜只有一个目镜(单目),而另一些有两个目镜(双目)或三个目镜(三目)。大多数复合显微镜都是双目的,能够减少眼的疲劳,但是却不能提供立体的视野。三目显微镜可以让两个人同时观察标本,也可以安装上照相机拍照。大多数目镜可以放大 10 倍,一些目镜甚至还可以放大 15 倍。

大多数复合显微镜有三个物镜。物镜安装在被观测物体或标本的正上方。物镜包含10×(低倍)、40×(高倍)、100×(油浸)三种。油浸透镜在聚焦于标本之前,需要浸于油中。一些显微镜还有 4×(扫描倍数)的物镜。

物镜能提供一个被观察标本的"实"像,而目镜则产生一个"虚"像。来自于照明灯或光源的光线通过聚光器将光线直射入标本中,然后光线通过物镜,在镜中形成标本的"实"像,"实"像通过目镜再一次被放大。目镜的放大作用产生了一个"虚"像,即第二次镜像,它的上下左右与原物相比是颠倒过来的。因此,标本的虚像朝着与载玻片相反的方向移动。

目镜和物镜的总放大倍数为目镜的放大倍数与物镜的放大倍数的乘积。例如:对于 40×的物镜,总放大倍数就为 10(目镜放大倍数)×40(物镜放大倍数)=400。对于废水的显微镜技术来说,每一种目镜和物镜的结合总放大倍数都有其一般和特殊的用途见表 6.3。随着显微镜总放大倍数的增大,标本的尺度变大,但可观察的视野却变小了,如图 6.2 所示。所谓的视野指的是显微镜观察者在每一种放大倍数下所观察到的空间范围。同时,随着显微镜总放大倍数的增大,所需的光强也增加,相反,放大倍数减小则所需的光强也减少。如果光强没有调好,例如,在低倍下光强太强,透明的标本可能不会被看见或者标本的某一特殊结构会被忽视。

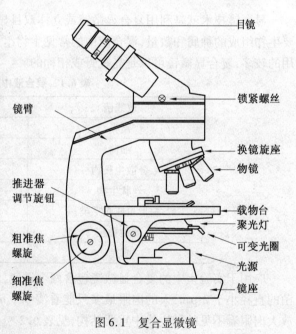

图 6.1　复合显微镜

在废水实验中有两种常见的复合显微镜,即亮视野和相称显微镜。在亮视野显微镜中,来自光源的光直接照射在待观测的标本或生物上。对于这一类照明,由于缺乏与周围溶剂或废水的对比,大多数微生物很难被观察到。因此,通常需要调整光强或经适当的染色(如亚甲基蓝染色)才能更好地观察生物。

表 6.3 总放大倍数以及它们在废水显微技术中一般和特殊的用途

总放大倍数	用途
40×	鉴别和观察大的后生动物的整个身体
100×	一般性地观察本体溶液和生物系
	鉴别原生动物并进行归类
	进行原生动物和后生动物的计数
	鉴别小型后生动物
	预测丝状生物的分布和相对丰度
	鉴别架桥形成的絮体网和开放结构的长絮体
400×	如果有需要,鉴别原生动物并进行归类
	如果有需要,鉴别原生动物进行归属或种
	仔细观察絮状颗粒
1 000×	丝状生物结构的鉴定
	丝状生物对特殊染料反应的鉴定

在相称显微镜中,聚光器中的特殊光圈能够改变通过显微镜的一部分光,使光以不同的速度通过标本,即"异相",这一改变增大了标本的折射率,从而能够分辨出那些随厚度而稍稍变化的结构上的细节或折射特性有所变化的结构上的细节。标本与周围的介质折射率不同,因而能使一些通过它们的光波发生弯曲,相称显微镜即基于这一原理,它相对于亮视野显微镜对比程度增加了,因此产生了一个清晰的图像。相称显微镜通常用于检测和识别在活性污泥系统中与沉降性问题有关的丝状生物,用相称显微镜检测细胞结构的例子包括:原生动物和细菌中的液泡、颗粒物以及鞭毛和纤毛。

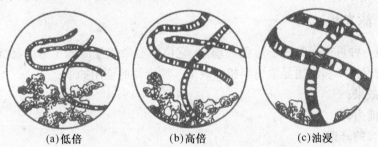

(a)低倍　　　　　(b)高倍　　　　　(c)油浸

图 6.2 改变放大倍数,视野的变化情况

分别在低倍(a)、高倍(b)、油浸(c)下观察同一视野,随着放大倍数的增加,被观察的图像的尺寸变大,而所能观察到的区域却变小。

相称显微镜应用于许多先进的显微镜技术中。显微镜工作者只需简单地转动微型旋钮上的特殊装置,如图 6.3 所示,便可调换成亮视野显微镜或相称显微镜。若微型旋钮调节挡(10×,40×,100×或 ph1,ph2,ph3)与物镜的放大倍数相匹配,则物镜成为相称物镜,微型旋钮还有"BF"或"0"调节挡使每一个物镜成为亮视野物镜。

在进行废水样品的镜检中,标本能够被放大多次是很重要的,而能够将两个标本当作独立的物体看清也同样重要,后一能力被称为显微镜的分辨率或分辨能力。

显微镜的分辨率部分由被观察标本所用的光波长决定。可见光约为 500 nm,而紫外光的波长小于或等于 400 nm,显微镜的分辨率随光波长的减小而增强,因此,紫外光可以检测可见光不能检测的标本。

物镜的分辨率指的是所能观测到的最小标本的大小。分辨率取决于所用的光波长以及能够进入透镜的最宽光锥或数值孔径(NA)。

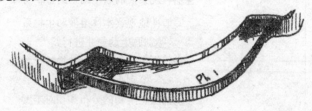

图6.3　微型旋轮

微型旋轮位于相称显微镜载物台的下方,标着"0"、"10"或"ph1";"40"或"ph2"以及"100"或"ph3"。将微型旋轮设置成"0",任何物镜都可用作亮视野透镜;设置微型旋钮调节挡与物镜匹配,如"10"或"ph1",同时使用低倍镜或10×物镜,则物镜成为相称物镜。

为了清楚地观察一个标本,必须有足够的光进入物镜中,这对于扫描低倍、高倍透镜来说是不成问题的,但是,由于油镜很窄小,大部分的光并不能进入透镜中。因此,要滴一滴浸油于透镜与载玻片之间。浸油与载玻片的折光率相同,光保持直线通过载玻片、浸油、物镜。

当光穿过两种折射能力不同的介质如玻璃和空气的分接口时,会产生折射作用或光的"失真",折射使光的传播方向改变,光改变的程度即为折射率。如果不使用浸油,光将会穿过载玻片、空气和物镜,这将导致光的折射增强,也就是说,更多的光将会进入物镜,样本的分辨率会下降。

当浸油的折光率与所用的玻片折光率几乎相同时(1.6),分辨率达到最好。因为油长时间暴露在空气中不会蒸发,所以浸油可用于长期的镜检。

6.1.1　滤光片

滤光片是一种可交换的圆形彩色玻璃片,它位于显微镜光源的上方。滤光片用于改善废水样品的镜检技术和增强显微镜照相的效果。滤光片的应用如下:

(1)色彩效果;

(2)扩散能力;

(3)混合光的修正;

(4)偏振现象;

(5)极化作用。

6.1.2　如何选择合适的显微镜

复合显微镜在许多废水实验中被认为是标准的工具,但是,从使用舒适、易于操作、提高对比和分辨率以及便于显微照相等方面考虑,有许多配件和修饰都可以纳入显微镜中。因此,在选择一台显微镜时,需要认真地考虑附带的配件和修饰,具体应考虑如下几点:

(1)使用双目显微镜可以减少眼疲劳;

(2)使用三目镜可以附加显微镜拍照功能;

(3)在检测和鉴定较大的微型后生动物和大型无脊椎动物时,最好使用4×物镜;

(4)在进行原生动物和后生动物的浏览和计数时,应使用推进器调节旋钮平移和精调载玻片；

(5)使用滤光片"冷却"光,在视野中形成对比。

在购买一台显微镜之前,可对显微镜进行一次基础性的试验,许多销售者允许买主先试用几周后再确定是否购买。

6.1.3　显微镜的构造

显微镜的主要部件及其功能如下:

(1)目镜:通常为 10×(有时为 15×),可以将物像放大 10 倍。

(2)眼罩:材质为胶皮,位于目镜的上方,在进行镜检时可以阻挡光进入目镜的边缘。

(3)滤光片:圆形彩色玻璃片,位于显微镜光源的上方。用于改善废水样品的镜检技术和增强显微镜照相的效果。

(4)微型旋轮:存在于双目显微镜中,用于调节目镜间的距离,使其适应观察员的瞳孔间距。

(5)锁紧螺丝:能够旋紧或旋松,锁住显微镜的头部。

(6)镜柱:支撑目镜及插目镜的镜筒。

(7)镜臂:支撑镜柱和载物台,握住镜臂托住镜座可提起显微镜。

(8)旋转器(物镜转换器):用于安装物镜的圆盘,通常安装 4~5 个目镜于盘上,转动转换器,可以转换不同的物镜于标本正上方。

(9)物镜:用于放大标本,有 4×、10×(低倍)、40×(高倍)、100×(油镜)四种放大倍数。

(10)玻片固定夹或弹簧夹:包括固定部分和可动部分,用于固定住载物台上的载玻片。

(11)推进器:包括玻片固定夹,用于校准标本的位置。玻片在推进器上的运动由推进器调节旋钮控制。

(12)推进器调节旋钮:通常包含一大一小两个旋钮,用于调节玻片在推进器上的运动,玻片从左向右运动由其中一个旋钮控制,从前往后运动由另一个旋钮控制,因此有时也称为 X 和 Y 镜台推进旋钮。

(13)载物台(镜台):物镜下方的平坦区域,放置标本玻片。

(14)光圈:使光从显微镜镜座到达标本。

(15)聚光器:将光聚集于标本上,并使光射入物镜内。

(16)光圈柄:调节光圈虹膜开孔的大小,从而控制进入光圈的光量。

(17)镜台下的调节旋钮:用于提升或降低聚光器,从而调节进入物镜的光焦点和光量。

(18)粗准焦螺旋:用于控制镜台的升降,在 4× 和低倍镜下迅速使物象呈现在视野中。

(19)细准焦螺旋:用于控制镜台的升降,在高倍镜和油镜下慢慢地使物象呈现在视野中。

(20)灯或灯管:照亮标本。

(21)镜座:用以支撑整个镜体,用手托起镜座可以提起显微镜。

6.1.4　聚焦

从实验台上取放显微镜时,不能用单手,必须是右手握住镜臂,左手托住镜座。

显微镜的调焦可参照以下步骤进行:

（1）先移去防尘盖，接通显微镜的电源，并打开开关。

（2）用镜头纸擦净目镜和物镜，其他纸可能会划破透镜或残留纤维。

（3）在镜台上，将盖玻片盖在湿涂片上，并用固定夹固定住湿涂片。

（4）确保10×物镜已对准镜台的通光孔，如果10×物镜不在指定位置，则转动物镜转换器直到物镜"扣碰"到指定位置，不能用手去拖动物镜。

（5）如果显微镜的镜台下方有一个聚光器，将聚光器调至最高位置。

（6）使用推进器调节旋钮移动湿涂片，直至盖玻片的边缘或某一角正好处在穿过镜台的光束的中心，使整个盖玻片都在视野之中。

（7）当用目镜观察时，调节微型旋轮以适应瞳孔间的距离。

（8）调节焦距时，先用右眼接于右边的目镜，调节焦点于盖玻片的边缘或角上，又或者，最好是标本延伸到盖玻片边缘。

（9）然后用左眼接于左边的目镜，旋转视度调节圈至右眼成像清晰。

（10）将聚光器提升至载玻片的底部，然后微微地降低聚光器获取最多的光。

（11）如果有需要，转动物镜转换器直到高倍（40×）镜头"扣碰"到湿涂片上方的位置。

（12）用光圈柄调节光圈膜直到有足够的光通过湿涂片，如果显微镜有一个可变电阻器，将电阻设置成最小，放大倍数的增加能够调节电阻值。

（13）接下来可以浏览湿涂片了，首先，调节推进器调节旋钮使标本玻片作左右、前后方向的移动，每一个浏览过的视野都应进行一次调焦，缓慢地逆时针转动细准焦螺旋可以调焦，稍稍地升降物镜可以让观察者检查每一个视野的各个深度。需要注意的是，物像看起来是倒置的，这是显微镜的光学成像导致的。

（14）为了更细微观察，需要使用高倍镜，但在这之前先用低倍镜调节焦距，使标本处在视野的中央。大多数的显微镜都有齐焦物镜，标本在低倍镜下处于视野的中央，那么转换至高倍镜后，标本也基本处于视野的中央，只需微调细准焦螺旋即能调好焦距。放大倍数越大，光强越强；反之，则越弱。

（15）在完成镜检之后，移去湿涂片。

（16）用镜头纸擦干净目镜和物镜，清除油迹。

（17）将低倍物镜转至镜筒下方。

（18）降低载物台。

（19）关掉电源。

（20）拔掉插头，并将电线缠绕在镜座上。

（21）在显微镜上方加防尘盖，放置在储存区或柜中。

6.1.5　油浸

使用100×物镜或油镜需要用到浸油，物镜的每一点都必须完全浸在油中，以减少光线由标本进入物镜时的折射散光，光线通过浸油比通过空气的折射散光少。通过细准焦螺旋可以调节焦距，油镜的使用方法如下：

（1）将高倍镜移开，滴一滴浸油于载玻片上接物镜正下方的位置，转动油镜使油镜头于镜筒下方。

（2）为了在总放大倍数为1 000时更好地观察标本，有必要再一次增加光强。

（3）标本观察完毕后，移开油镜。

（4）用镜头纸擦干净浸油，将4×或10×物镜转至镜筒下方。

6.2 显微镜测量

显微镜测量是用标刻度的目镜测微尺来准确衡量显微镜下待测物的大小。在废水样品的显微镜镜检中，常用的待测物包括：藻类、细菌、分散生长物、自由游动的线虫、真菌、丝状生物、絮状颗粒和轮虫。

目镜测微尺是嵌在目镜下方隔板上的刻度尺，如图6.4所示。刻度间的长度是统一规定的，但通过显微镜放大后的具体长度是未知的。对于每一个总放大倍数（40×、100×、400×、1 000×）都必须分别做出校正。由图6.4可知，目镜测微尺的校准是通过镜台测微尺来实现的。

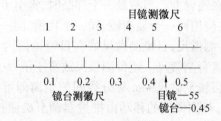

图6.4 测微尺

镜台测微尺是刻有精确等分线的载玻片。每两个大刻度间的距离代表0.1 mm，小刻度间的距离代表0.01 mm，这些值都刻在载玻片上。镜台测微尺用载玻片固定夹固定于载物台上，然后依次用不同放大倍数（4×、40×、100×）的物镜对准它，来进行刻度的校准。当每一个放大倍数下目镜测微尺每格所代表的长度确定后，即可移去镜台测微尺。

6.2.1 目镜测微尺的校准

校正目镜测微尺的步骤如下：

（1）将4×物镜旋至待观测位置。

（2）检查一下目镜测微尺是否放置在目镜下方。

（3）如果目镜测微尺已在指定位置，旋转刻度使其水平。

（4）如果目镜测微尺不在指定位置，将目镜测微尺安装于目镜下方，并旋转刻度使其水平。

（5）取一镜台测微尺，检查一下它的耐旋光性以及小刻度是否清晰可见。将镜台测微尺用载玻片固定夹固定于载物台上，使其刻度位于4×物镜下方光圈的正上方，并用弱光照在刻度上。

（6）用粗准焦旋钮调小镜台测微计与4×物镜间的距离，使镜台测微尺聚焦并位于视野的中心。调节显微镜，以达到最好的光强效果，使目镜测微尺和镜台测微尺看起来都很清晰。

（7）转动目镜，使目镜测微尺与镜台测微尺的刻度平行。

（8）在视野的左边，将两尺重合，使镜台测微尺的第一条刻度线居中位于目镜测微尺正上方,即两尺的"0"刻度必须重合、平行。

（9）从每条尺的第一条刻度线算起,仔细寻找两尺第二条完全重合的刻度线。

（10）记下两尺间完全重合的刻度号,即:两尺匹配的刻度间分别有多少格数?

镜台测微尺间格数:_____

目镜测微尺间的格数:_____

（11）根据目镜测微尺间的格数来划分镜台测微尺间格数。

（12）由于镜台测微尺每格长 0.01 mm,目镜测微尺每格长就等于 0.01 mm×（11）中得到的值,这就是 40×总放大倍数下目镜测微尺每格所代表的长度,用 mm 来表示。由于 1 mm 等于 1 000 μm,用 mm 表示的长度乘以 1 000 即为用 μm 表示的每格长度。

（13）重复以上步骤,按照低倍、高倍、油浸物镜的顺序来校正目镜测微尺。为了减少误差,每一组物镜测三组不同的数,取平均值即可,见表 6.4。

当目镜测微尺在每一个物镜下都得到校准后,目镜测微尺每格代表的长度会在一张索引卡上记录下来,卡片会贴在镜臂上。当测量一个样品时,索引卡能为显微镜操作者提供参考。已获得的校准值只有在使用同一台显微镜、同一个目镜、同一个物镜时才是准确的。

进行微观测量需要两种测微尺,目镜测微尺嵌在目镜镜筒内,为了校准目镜测微尺 mm 等分线间的距离,需要借助镜台测微尺。镜台测微尺放置于镜台上的载玻片上使用,先用低倍镜,再依次用高倍、油镜,目镜测微尺 mm 等分线间的距离即可得到校准,但是,两测微尺最左边的"0"刻度必须对齐,且测微尺的移动由推进器调节旋钮控制。如图 6.4 所示,目镜测微尺的 55 刻度线与镜台测微尺的 0.45 刻度线为两尺自"0"刻度线后第一条完全重合的刻度线。

表 6.4　微观校准

物镜	镜台测微尺间格数			目镜测微尺间格数			目镜测微尺一格所代表的 mm 或 μm 值			目镜测微尺每格的平均值
	1	2	3	1	2	3	1	2	3	
4×										
10×										
40×										
100×										

6.2.2　奥林巴斯废水分划板

奥林斯巴废水分划板是专门为测量絮状颗粒而设计在目镜测微尺中的"靶心"模型。奥林斯巴废水分划板不需要校准,操作者可以通过使用 10×相衬目镜快速判断出絮状颗粒的大小。

6.3　湿涂片和涂片

6.3.1　涂片的制作过程

常用于废水样品的显微镜镜检的两种玻片制备为湿涂片和涂片,但湿涂片比涂片用得更多,如图6.5所示。

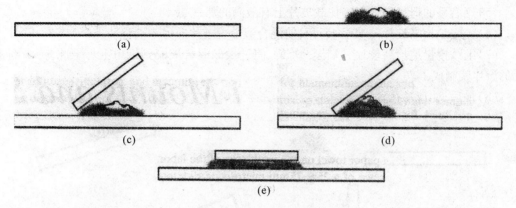

图6.5 混合液的湿涂片

1. 湿涂片的制作过程

(1)在实验台的工作区铺上一张干净的纸巾。

(2)将25×75 mm载玻片的表面清洗干净,并置于纸巾上。

(3)先摇一摇装有混合液或废水的密封容器,然后将部分液体转移至一个干净的烧杯中,搅拌烧杯中的混合液。如果要进行原生动物的实验,在将混合液从容器转移到烧杯之前,以及由烧杯转移到载玻片上之前,需用吸管或吸液管使空气进入到混合液中。

(4)用一滴耳管、移液管,滴一滴混合液于载玻片的正中央。

(5)将22 mm×22 mm盖玻片的表面清洗干净。

(6)按照如下方式将盖玻片盖在液滴上:

①在不接触液滴的条件下,用右手的拇指和食指夹住盖玻片使其与载玻片呈45°夹角,并且45°角朝向液滴。

②慢慢地朝着液滴的方向滑动盖玻片,使液滴与盖玻片接触并沿其边缘散开。

③放下盖玻片,使其落于混合液上。盖玻片下不允许残留气泡。

④取一干净的纸巾置于盖玻片上,用一块较硬的物体轻轻地压实盖玻片,移去过量的混合液。

⑤移送纸巾并妥善处理。至此,在盖玻片下只留下约0.05 mL的混合液。

⑥用一支蜡笔在载玻片的左边标记上日期和样品名。

制作混合液的湿涂片,首先在实验台上铺一张干净的纸巾,将一干净的载玻片放在纸上①,再滴一滴混合液于载玻片的正中央②,持一盖玻片使其与载玻片呈45°夹角③,然后将盖玻片压向混合液④,当盖玻片接触到混合液时,就逐渐压落在了混合液上⑤。

混合液或泡沫的涂片需要进行染色,如革兰氏染色和奈瑟染色。通过染色可以看出涂片的生物成分、结构特征以及对于特殊染料的反应。混合液和泡沫的涂片制作步骤如下。

2. 制作混合液的涂片步骤(图6.6)

(1)在实验台的工作区铺上一张干净的纸巾。

(2)将25×75 mm载玻片的表面清洗干净,并置于纸巾上。

(3)先摇一摇装有混合液或废水的密封容器,然后将部分液体转移至一个干净的烧杯中,搅拌烧杯中的混合液。

（4）用一滴耳管、移液管,滴一滴混合液于载玻片的一端。

（5）用右手的拇指和食指夹住载玻片上有液滴的那一端。

（6）慢慢地抬高玻片一端至45°角,使混合液沿着玻片向另一端移动。

（7）继续慢慢地抬高玻片一端至90°角,使过量的混合液流到纸巾上。至此,一个圆锥形的涂片就制成了。

（8）最后,让玻片在室温下干燥,当玻片完全干燥后,就可以用于染色了。

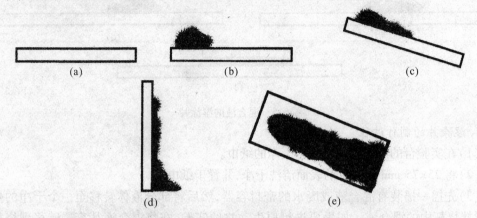

图6.6 混合液涂片

3.制作泡沫涂片的步骤(图6.7)

（1）在实验台的工作区铺上一张干净的纸巾。

（2）将25×75 mm载玻片的表面清洗干净,并置于纸巾上。

（3）用一小木棒或吸管的尖端转移少量的泡沫至载玻片的一端。

（4）用左手的拇指和食指固住载玻片上有泡沫的那一端。

（5）取另一干净的推片(载玻片),用右手的拇指和食指夹住它,并使其与载玻片呈45度夹角靠在载玻片上有泡沫的那一端。

（6）在夹紧两玻片的同时,使推片保持45度角朝载玻片的另一端移动。至此,一个薄而宽的泡沫涂片就制成了。

（7）最后,让玻片在室温下干燥,当玻片完全干燥后,就可以用于染色了。

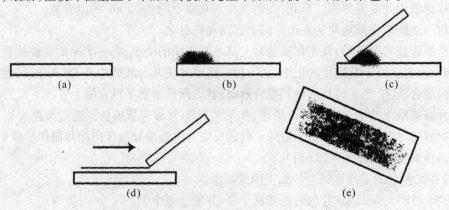

图6.7 泡沫涂片

6.3.2　湿涂片的观察

以下是湿涂片的观察步骤：

（1）将湿涂片置于显微镜的载物台上，并确保湿涂片被固定夹或压簧固定在恰当的位置。

（2）通过推进器调节旋钮调节湿涂片的位置，使观察者通过使用10×物镜就能看清盖玻片的一角。

（3）调节光强，使焦点位于盖玻片的一角。

（4）仔细观察盖玻片一角的第一个视野，确认可以通过这个视野聚焦到所有视野。缓慢的顺时针或逆时针调节细准焦螺旋可以聚焦，这种物镜的微小升降可以使位于湿涂片底部、中间和底部的物质得到全面的检查。

（5）在检查第一个视野后，通过调节推进器调节旋钮使玻片移动直到出现第二个亮视野，并确保第二个视野与第一个视野部分重合。

（6）继续移动玻片直到观查完一排视野。然后，调节推进器调节旋钮，使玻片上下移动，视野转换到另一排并观察之。确保每一排视野的顶端和低端都部分重迭。

（7）继续观察直到整个湿涂片都被检查完。

一个视野即为通过显微镜观察到的一个圆形区域。放大倍数越大，视野所呈现的区域越小，所需的光强也越多。

6.4　显微镜的正确使用方法

（1）小心谨慎拿放显微镜。将显微镜放在实验台面上远离边缘的位置。

（2）使用镜头纸或镜头清洁剂来清洁所有的镜头。切记不可使用面巾纸，它会刮花镜头。不要将目镜或显微镜的其他部件取出。

（3）找个打印版的 e，并把它剪下，制作一张湿涂片，将载玻片放在显微镜的在载物台上，用标本夹固定载玻片，将载玻片小心的放入载物台。移动载玻片直到字母 e 位于载物台和开口之上。

（4）调试低倍物镜到合适的位置，降低镜筒的高度直到物镜的顶端距载玻片 5 mm 范围内。在降低镜筒位置的过程内，在旁边仔细观察显微镜。

（5）一遍观察，一边缓慢的提高镜筒的高度，逆时针的转动粗跳旋钮，一直到你看到目标物，之后再旋转细调钮对焦，可以得到合适的影像。

（6）开闭光圈，升降聚光器，观察这些操作对观察目标的影响。在一般情况下，显微镜的镜台下部的聚光器位于最高的位置。打开光圈，后渐渐关上，直到可以观察到一点反差。

（7）使用油镜观察所提供的染色细菌。

（8）实验结束后，将低倍物镜对准目镜，然后将镜筒降到最低的位置，用镜头纸和清洁器除去镜上的油，然后将显微镜放回存放处。

6.5 明视野光学显微镜

明视野光学显微镜是使用两种透镜系统放大图像的一种设备,刚开始的放大由物镜来实现。大部分显微镜的旋转基座上至少有 3 个物镜,每一个物镜都可旋转与目镜相配合,实现最终的放大。因此,观察者看到的总的放大倍数是物镜的放大倍数乘以目镜的放大的倍数。例如,当使用 10×目镜和 47×物镜时,总的放大倍数是 $10×47=470$ 倍。复式明视野光学显微镜的使用能力和学生在实验室的操作方法正确与否有直接的关系。

明视野光学显微镜可以应用到医学。在临床实验室,微生物的细胞大小、排列方式、运动能力是致病菌发现和鉴定的重要指标。

6.5.1 观察明视野光学显微镜所需实验材料

观察明视野光学显微镜所需的实验材料如下:

复式显微镜、镜头纸和镜头清洗剂、载玻片、盖玻片、滴管、镊子、字母 e 打印版、浸镜油、目镜测微尺、载物台测微尺、制备好的包含几种类型的细菌(杆菌、球菌、螺菌)、真菌、藻类和原虫的染色装片

6.5.2 使用问题及解决方法

(1)在没有光线透过目镜的时候,可以检查显微镜电线插入的插座是否有电,或是检查电源开关是否打开,或是确保观察物是否固定在指定位置,或是确保可变光圈是否已经打开

(2)当出现透过目镜的光线不足的情况的时候。可以将聚光镜升到最高,或将光圈完全打开,或是确保观察物是否固定在指定位置。

(3)在视野范围内出现杂物的时候,需要用镜头纸和清洁剂擦拭目镜

(4)在视野中可见颗粒游动且视野模糊的时候,这时候可能是油镜油中有气泡,多加一些油或是确保相应的物镜完全浸没在油中;或是使用的是非油浸的高倍物镜,确保没有使用油;或是确保盖玻片上没有油,油会使盖玻片与其黏连而从载玻片上脱离,从而导致视野模糊或看不见。

6.5.3 安全注意事项

(1)载玻片和盖玻片是玻璃制品,易碎,因此使用时要小心,不要割伤自己。在显微镜带有自动体制装置的情况下不要使用载玻片和盖玻片,以免其破碎。

(2)粗调和细调螺旋调整不要超过其限度,否则会损坏显微镜。

(3)放大倍数越低,所需的亮度越小

(4)使用油镜的时候,如果载玻片的反面朝上放在镜台上,则无法正常聚焦。但是低倍镜和高倍镜都能轻松聚焦。

(5)使用显微镜前应将细调旋钮调至中间位置,以便双向调整。

(6)不能在高倍镜下安装或撤除载玻片,只能在低倍镜下进行,以免划坏镜头。

(7)不宜让清洁剂在物镜上保留过长的时间,不宜用量过多,因为镜头清洁剂会损坏物镜。

（8）戴眼镜的观察者的注意事项：显微镜能够对焦，因此它能够校正近视或远视，所以近视或远视观察时可不带眼镜。但是显微镜不能校正散光，所以有散光的观察者需要戴眼镜，如果戴眼镜，正确的观察应不与目镜接触，否则，可能划伤其中之一。

6.6　暗视野光学显微镜

复式显微镜可能适合配置暗视野聚光器，它具有比物镜大的数值光圈，聚光器也具有一个暗视野光栅，由此，复式显微镜就成为暗视野显微镜，散射光可以通过样品进入接物镜，从而在暗背景下形成明亮图像，而非散射光则不能进入。由于明亮物体与黑色的背景可以形成鲜明的对照，这样成像的效果更加清晰。暗视野光学显微镜可以观察未染色的活微生物、难染色的微生物或者是亮视野显微镜不能确定的螺旋体等的理想工具。在暗视野显微照片中可以显示出各种放射虫的外壳，在成像中它们具有多种独特而美丽的外形（如图 6.8）。由于在明视野显微镜中成像的对比度非常低，则不能清晰辨认。

暗视野显微镜可以观察齿垢密螺旋体，这种微生物通常是口腔黏膜正常微生物群落的一部分，因此容易得到并且不要培养，如果仅仅用革兰氏染色或吉姆萨染色，大部分微生物的染色不充分，所以学习使用暗视野显微镜的时候，齿垢密螺旋体是最好的样品，通过这次观察学生还可以继续练习制备湿封片。齿垢密螺旋体是细长的、螺旋状细胞（如图 6.9）。

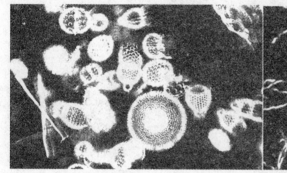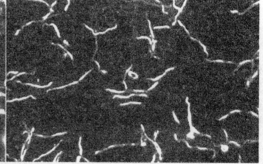

图 6.8　暗视野显微镜图　　　　　　　图 6.9　齿垢密螺旋体的显微照片

6.6.1　观察暗视野光学显微镜所需材料

暗视野光学显微镜、平头牙签、镜头纸和擦镜器、浸镜油、载玻片和盖玻片、镊子、制备的螺旋体载玻片、放射虫、原生动物

6.6.2　观察暗视野光学显微镜正确步骤

（1）在暗视野聚光镜上滴一滴浸镜油。

（2）将制备好的载玻片放到载物台上，以确保样本可以恰好的位于孔的正上方。

（3）调节控制高度的旋钮，升高暗视野聚光器，一直到油刚好与载玻片接触。

（4）锁定 10× 物镜，调节粗调旋钮和细调旋钮，一直到获得螺旋体的清晰的图像。接着转到 40× 物镜，调节粗调旋钮和细调旋钮，直至成像。

（5）用油镜观察螺旋体，在纸上画几个螺旋体的图像。

（6）制备非致病螺旋体湿封片，用暗视野显微镜检查这些微生物，并在纸上画出几个螺旋体。

6.6.3　安全注意事项

(1)用牙签提取齿垢密螺旋体的时候不要弄伤牙龈组织或沾上食物残渣。

(2)使用油镜的时候,如果看不到清晰的图像,不要慌张,应该找指导老师求助。

(3)确保制备好的载玻片正面朝上放置在载物台上。

(4)养成在使用油镜之前清理凸透镜的习惯。

(5)确保样品亮度充足,应将载物台下的聚光器一直完全的打开。

6.7　相差光学显微镜

相差光学显微镜可以观察到其他方法无法检测到的不可见的活的、未染色微生物。由于某些透明无色的活细菌不能吸收、反射或衍射足够的光线,导致了普通的亮视野显微镜或暗视野显微镜不能看到某些透明无色的活细菌及其内部细胞结构,这样就不能与周围环境或微生物的其他部分区别。因为只有在微生物及其细胞器比环境多吸收、反射、折射或衍射一些光时才可见(如图6.10(a)～(d))。

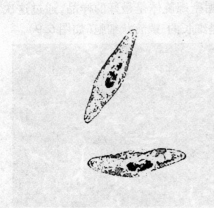

(a)原生动物,尾草履虫,染色后内部结构(×500)

(b)杆菌,蜡状芽孢杆菌,染色后观察其孢子(×1 000)

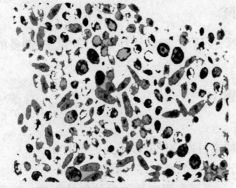

(c)酵母,酿酒酵母,染色并观察其芽殖(×1 000)

(d)丝状绿藻,水绵属的绿藻类,染色并观察亲螺旋状叶绿体(×200)

图6.10　相差显微镜观察到的几种微生物

相差光学显微镜有一个可以产生圆形光锥的环形光栅,这个光栅位于相差光学显微镜的聚光器上;而物镜上有一个涂有透明薄膜的玻璃圆盘(相位片),这能增强样本产生的相变。样本的这种相变可以从光强度(light intensity)差异来观察。相位片可以使得衍射光相对非衍射光滞后(阳性相位片),形成暗相差影像(dark-phase-contrast microscopy),同时也可以使衍射光与直射光相对(阴性相位片),形成明相差影像(bright-phase-contrast microscopy)。

相差光学显微镜可以观察杆菌、梭菌、内生孢子这些特殊结构的细菌。杆菌呈棒状,通常成对或链状排列,具有圆形或方形的末端;梭菌通常成对或短链状排列,末端圆或偶尔尖;内生孢子是椭圆形或圆柱形的,往往使得细胞膨胀。相差光学显微镜也观察加入甲基纤维素(protoslo)的池塘水中的细菌和原生动物(甲基纤维素可以减缓很多微生物的活动)。

6.7.1 观察相差学显微镜所需材料

池塘水、相差学显微镜、镜头纸和擦镜头器、具有吸管控制器的巴斯德吸管、甲基纤维素、镊子、显示内生孢子的芽孢杆菌属或梭菌属的装片、普通池塘水的微生物

6.7.2 观察相差学显微镜的步骤

(1)制备一张池塘水的湿涂片。为减缓微生物的泳动加一滴甲基纤维素,同时也可以观察杆菌或梭菌装片。

(2)将载玻片放到相差显微镜的载物台上,并确保样本位于通光孔的正上方。

(3)旋转10×物镜对准光孔,转到10×物镜对应的光圈。让聚光器下面的光圈长生的光锥面准确聚焦于物镜的相位片。因此,有三个不同的光圈分别与三个相差接物镜匹配(10×、40×、90×或100×)。聚光器下部有一个能够旋转的圆盘。旋转圆盘可以将光圈定位到的正确位置。

(5)聚焦10×物镜,然后观察微生物。

(6)旋转物镜调节盘和光圈到恰当的位置,用40×的物镜观察。

(7)用同样的方式调节油镜。

(8)在实验报告中,画出观察到的几种微生物。

(9)如果检测的是池塘水,利用资料提供的图片,帮助识别其中的微生物。

6.7.3 安全注意事项

(1)用移液控制装置或洗耳球妥善的处理载玻片和盖玻片以及用过的巴斯德吸管和池塘水。

(2)确保显微镜载物台上的样本正好位于通光孔的上方。

(3)相位组件必须正确地校准。

6.8 荧光显微镜

荧光显微镜(fluorescence microscopy,也称入射光或反射光荧光显微镜)基于的原理是通过样本的现则吸收消除了入射光,透过的是被样本吸收后再改变波长发射的光。光源必须

产生适当波长的光束,由此激发滤光片消除了不能激发荧光基团的光。由样本发出的荧光能够通过滤光片到达物镜,然而入射光的波长则不能通过该滤片。因此,只有样本荧光基团产生的光才可以增强观察到的图像的强度。(图6.11)

图6.11　荧光显微镜染色后导致活细胞发绿色荧光,死细胞发红色荧光(×1000)

荧光显微镜可以观察结核分枝杆菌,这种杆菌是导致结核病的病原体,它的生长非常的缓慢,而且这种细菌不能用革兰氏染色法进行染色,细胞直线状或者轻微弯曲,单个,偶而成线状。这种细菌用荧光染料或用荧光染料特异性标记的抗体标记后事非常容易鉴别的,但是免疫荧光标记既费时又价格非常高,所以一般这种细菌用荧光显微镜观察。

荧光显微镜通常用于临床快速检测和鉴定组织涂片、切片和液体中的细菌性抗体,以及快速鉴定许多致病细菌。例如可以通过特异性结合结核分枝杆菌的荧光染料,能够快速筛选痰样本中的结核分枝杆菌。荧光显微镜下观察到的标本只能是染好色的目标细菌。

6.8.1　观察荧光显微镜所需的材料

观察荧光显微镜所需的材料如下:

荧光显微镜、镜头纸和擦镜器、低荧旋旋光性的浸镜油、荧光染料已染色的已知菌(结核分枝杆菌)的装片。

6.8.2　观察荧光显微镜的步骤

(1)在使用荧光显微镜之前,至少让紫外灯照射30 min。绝对不能在没有戴能够过滤紫外线的眼镜的情况下直视紫外线光源,否则可能导致视网膜灼伤或失明。

(2)保证激发滤光片和吸收滤光片与期望的荧光显微镜类型相匹配,并且准确的安放到正确的位置。

(3)在聚光器上滴一滴低荧旋旋光性浸镜油。

(4)将装片放到载物台上并旋转到正确的位置,一以确保样本位于通光孔的正上方。调节控制升降的装置使聚光镜到油滴刚好与载玻片的底部接触。

（5）预热水银灯后，打开钨灯的电源，并且聚焦样本。

（6）刚开始物镜为 10×，找到并聚焦样本。找到样本后，将物镜分别转到 90×，再到 100×。转换水银灯，然后观察样本。

（7）比较明视野显微镜和荧光显微镜中所观察到的微生物，并在描绘出其不同。

6.8.3　安全注意事项

（1）高压水蒸气作为光源的灯泡有爆炸的可能。当它温度高的时候不要用手去碰它。

（2）不要让汞灯光直接照射你的眼镜，观察显微镜时，缺乏阻拦层或滤光片也会损伤视网膜。

（3）水银灯需要预热 30 min，在正常实验过程中，不要开关显微镜。

（4）暗视野聚光镜没有光栅控制。

（5）如果无法确保滤光片是否放到正确位置可以咨询老师。

（6）荧光显微镜必须用低荧光浸镜油。

第7章 细菌形态和染色

7.1 细菌的形态

细菌是原核生物的一种。细菌有四种形态:球状、杆状、螺旋状和丝状,分别叫做球菌、杆菌、螺旋菌和丝状菌。其中球菌包括单球菌、双球菌、排列不规则的球菌、四球联菌等;杆菌包括单杆菌、双杆菌和链杆菌;螺旋菌呈螺旋卷曲状。螺纹不满一圈的叫做弧菌;丝状体是丝状菌分类的特征。

细菌的大小以 μm 计。多数球菌的直径为 0.5~2.0 μm;杆菌的长×宽平均为 (0.5~1.0)μm×(1~5)μm;螺旋菌的宽度与长度为 (0.25~1.7)μm×(2~60)μm。细菌的大小在个体发育过程中不断变化,刚分裂的新细菌小,随发育逐渐变大,老龄时又变小。

细菌是单细胞生物,所有的细菌均有如下结构:细胞壁、细胞质膜、细胞质及其内含物(包括气泡、贮藏颗粒、间体等细胞核物质)。部分细菌还具有一下特殊结构:鞭毛、荚膜等。细胞结构见图 7.1。

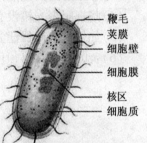

图 7.1　细菌细胞结构模式图

7.2 细菌的染色原理及方法

细菌菌体无色透明,在显微镜下不易看清其形态和结构。如用染色液将菌体染色,便可增加菌体与背景的反差,则可清楚地看见菌体的形态。碱性染料有结晶紫、龙胆紫、碱性品红(复红)、蕃红、亚甲蓝、甲基紫、中性红、孔雀绿等;酸性染料有酸性品红、刚果红、曙红等。由于细菌通常带负电荷,故常用带正电的碱性染料使细菌染色。

染色方法主要分为两大类:简单染色和复合染色法。简单染色法指只用一种染料染色,增大菌体与背景的反差,便于观察。复合染色法是用两种不同染料染色,以区别不同的细菌的革兰氏染色反应或抗酸性染色反应,或将菌体和某一结构染成不同的颜色,以便观察。革兰氏染色是将一类细菌染色,而另一类细菌不上色,由此可将两类细菌分开。作为分类鉴定时重要的一步,一次又称之为鉴别染色法。

常用于混合液微观分析的染色技术有 7 种见表 7.1,这些技术包括:革兰氏染色法,油墨反染色法,亚甲基蓝染色法,奈瑟染色法,聚羟基丁酸酯染色法(PHB),蕃红染色法,鞘染色法。

表 7.1　混合液镜检的几种染色技术的比较

方法	被检测的物质	玻片制备	显微镜类型	总放大倍数
革兰氏	丝状生物	涂片	亮视野	1000×
墨汁	絮状颗粒	湿涂片	相称	100×或1000×

续表 7.1

方法	被检测的物质	玻片制备	显微镜类型	总放大倍数
亚甲基蓝	所有成分	湿涂片	亮视野或相称	100×
奈瑟	丝状生物	涂片	亮视野	1000×
PHB	丝状生物	涂片	亮视野	1000×
蕃红	絮状颗粒	涂片	亮视野	100×
鞘	丝状生物	湿涂片	相称	1000×

7.2.1　革兰氏染色法

革兰氏染色法是一种有区别性的染色法,基于细菌对一系列化学试剂的不同反应可以将细菌分为两类,即:革兰氏阴性菌(红色)、革兰氏阳性菌(蓝色)。革兰氏染色用于鉴定丝状生物的种类或型号。该方法的第一步先用碱性染料结晶紫染色,这是初染。然后是媒染,也就是用碘液进行处理,这种处理时加强细菌细胞和染料之间的相互作用,是染料结合的更紧密或是细胞染色更充分。再将涂片用 95% 乙酸或异丙醇—丙酮溶液冲洗脱色。脱色后革兰氏阳性菌仍然含有结晶紫-碘复合物,但是革兰氏阴性菌却洗掉变成了无色。最后,涂片用颜色不用于结晶紫的碱性染料复染。常用的复染染料剂是蕃红,蕃红会将无色的格兰仕阴性菌染成粉红色,但是不会改变革兰氏阳性菌的深紫色。

并不是所有的革兰氏染色都能够得到明确的结果的。革兰氏阳性菌也可能呈革兰氏阴性菌的特征,因此需要选用培养时间较短、代谢旺盛的培养物进行革兰氏染色。而且一些细菌呈现革兰氏染色异质性,即同一培养物种的一些细胞室格兰仕阳性的,而另一些是阴性的,应在严格的控制的条件下对若干个培养物进行革兰氏染色。

革兰氏染色也是临床微生物实验中最有兼职的单一检测的方法。由于革兰氏染色范围广泛,所以它是直接检验样本和细菌菌落最普遍的鉴别染色法。革兰氏染色是第一种引入实验室对细菌进行特异鉴别和鉴定的方法。革兰氏染色的应用范围包括几乎所有的细菌、许多真菌、寄生虫(毛滴虫、类圆线虫)以及各种原生动物的包囊。

革兰氏染色主要是区分混合细菌培养物中的革兰氏阴性和阳性细菌,这种区分的经典标准菌是金黄色葡萄球菌和大肠杆菌(图 7.2)金黄色葡萄球菌是革兰氏阳性,不能运动,不产生芽孢,球形,单个、成对或不规则簇状排列,主要分布在温血脊椎动物的皮肤和黏膜中,但是经常可以从食品、粉尘和水中分离到。大肠杆菌是革兰氏阴性菌,呈直杆状,单个或成对排列,存在于温血动物肠道下半部分。

1. 实验方案:革兰氏染色,改进后的赫克法

溶液:准备好革兰氏染色的试剂及器具,配制如下四种溶液:

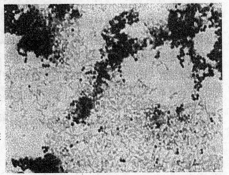

图 7.2　革兰氏染色

溶液 1

物质		用量
A	晶状紫罗兰	2 g
	乙醇,95%	20 mL
B	草酸铵	0.8 g
	蒸馏水	80 mL

溶液 2

物质	用量
碘	1 g
碘化钾	2 g
蒸馏水	300 mL

溶液 3:95% 乙醇

物质	用量
无水乙醇	95 mL
蒸馏水	5 mL

溶液 4

物质	用量
蕃红 O(2.5% 的蕃红溶于 95% 的乙醇中)	10 mL
蒸馏水	100 mL

染色步骤如下:

(1)准备一个薄的混合液涂片,确保涂片已完全风干。

(2)用溶液 1 将涂片染色 1 min,然后用蒸馏水冲洗干净玻片。

(3)用溶液 2 将涂片染色 1 min,然后用蒸馏水冲洗干净玻片。

(4)将玻片倾斜至 45°角,用溶液 3(95% 乙醇)脱色 30 s,乙醇要一滴一滴地添加到涂片上,谨防过度脱色,吸干玻片。

(5)用溶液 4 将涂片染色 1 分钟,然后用蒸馏水冲洗干净玻片并吸干它。

(6)在亮视野显微镜的油镜下(1000×总放大倍数),检查已染色的涂片,蓝色的丝状生物是革兰氏阳性的,而红色的丝状生物是革兰氏阴性的。

2. 注意事项

(1)革兰氏结晶紫、蕃红和碘都对眼睛、呼吸系统和皮肤有刺激作用。应避免它们与皮肤和眼睛接触。

(2)本实验用到了易挥发的易燃液体,不要让这些药品靠近明火。

(3)涂片不应太厚。

(4)染色过程中接种环不应过热;热固定涂片的温度也不应过高;乙醇脱色的时间也不能过长。

7.2.2　油墨反染色法

油墨反染色法用于判断活性污泥系统中营养物质的缺乏与否。在相衬显微镜下,通过染色可以显示出絮状颗粒中储存食物的相对含量或不溶于水的多糖量。当前存在的多糖量越多,营养不足的可能性越大。它是无需苛刻的染色或采用可能扭曲细胞形状的热固定技术就可确定细菌的总体形态的方便方法它也是观察荚膜的理想技术。

油墨或苯胺黑是一种能悬浮在水中的炭黑粒子。当一两滴油墨和一小滴混合液在载玻片上混合时,炭黑粒子能迅速渗入到絮状颗粒中,使整个溶液变黑。当炭黑粒子从絮状颗粒的边缘渗入到其中心时,细菌的细胞变成黑色或金黄色,而储存的食物或多糖阻挡了炭黑粒子渗入,在相衬显微镜下,这些食物呈现白色。絮状颗粒中白色区域越大,溶液或活性污泥中营养物质缺乏的可能性越大。

油墨反染色法也是临床监测的理想方法,它可以监测传播疾病的梅毒密螺旋体,这些细菌的细胞是非常脆弱的,热固定很容易变形。

油墨反染色法能反映营养物质的缺乏,大多数絮状颗粒是白色的,即被称为"阳性的";也能反映营养物质的充足,大多数絮状颗粒呈黑色或金黄,即被称为"阴性的"。但是,许多"阴性的"絮状颗粒可能包含一小部分白色区域以及形成一个"白斑"。

在两种情况下可能会产生"假"阳性,这些情况是由于毒物或菌胶团的大量生长导致细菌被包裹而引起的。

当用油墨染色时,一些操作员可能发现很难找到絮状颗粒。为了更容易找到絮状颗粒,操作员应先聚焦在盖玻片某一个角或边上,然后慢慢地浏览湿涂片,一旦白色区域出现在视野中,立刻调焦于这一视野的周围,使絮状颗粒进入或退出焦点中,这确保了操作员能观察到絮状颗粒的边缘和其中白色区域的相对面积。

1. 实验方案:油墨反染色法

溶液:油墨(炭黑粒子的水溶液)或苯胺黑。

染色步骤如下:

(1)取一或两滴油墨和一滴混合液在载玻片上混合。

(2)在上述混合液上盖一盖玻片,用相称显微镜 1000×油镜观察样品。

(3)要确保正在检查的絮状颗粒被黑色的视野包围着。

(4)在营养充足的混合液中,炭黑粒子几乎完全渗入到絮状颗粒里,最多只留下几个白"点"。这是油墨反染色法中的一种阴性反应。

(5)在营养不足的混合液中,存在大量的多糖(由于营养不足而产生的),多糖阻止了炭黑粒子的渗入,从而导致絮状颗粒中出现大面积的白色区域。这是油墨反染色法中的一种阳性反应。

2. 注意事项

(1)为了制备薄层涂片,载玻片必须干净且没有油脂和其他污渍,包括指纹。

(2)小心不要让实验中的染料滴溅到衣服上,它很难洗掉。

(3)染料不可太多。

(4)制备的薄层涂片不可以有结块。

7.2.3　亚甲基蓝

亚甲基蓝可以使微生物与其周围的环境形成对比,从而鉴定出微生物的特殊结构成分,如原生动物的鞭毛和具有收缩性的纤毛。亚甲基蓝使操作员更容易观察到丝状生物、絮状颗粒、后生动物、原生动物和菌胶团,从而评估絮状颗粒的强度。

1. 实验方案:亚甲基蓝染色法

溶液:

准备好如下两种溶液:

物质	用量
亚甲基蓝	0.01 g
纯乙醇	100 mL

2. 染色步骤如下:

(1)在混合液的湿涂片的盖玻片上,加一滴稀释过的染色剂,保证能让它在盖玻片下渗出来。或者,在载玻片上加一滴亚甲基蓝于混合液中,用棉签混匀,再加盖玻片。不要过度染色。

(2)用亮视野或相称显微镜观察湿涂片。

7.2.4 奈瑟染色法

类似于革兰氏染色,奈瑟染色法也是一种有区别性的染色法,基于细菌对两种染色剂的不同反应可以将细菌分为两类。即:奈瑟阴性菌(淡棕到黄色)和奈瑟阳性菌(灰蓝色)。奈瑟染色法用于鉴定丝状生物的种类或型号。

1. 实验方案:奈瑟染色法

溶液:

准备以下两种溶液:

溶液 1

	物质	用量
A	亚甲基蓝	0.1 g
	醋酸	5 mL
	乙醇(95%)	5 mL
B	水晶紫10%(溶于95%乙醇中)	3.3 g
	乙醇(95%)	6.7 g
	蒸馏水	100 mL

分别准备一份 A 和 B,然后将 A 和 B 以 2∶1 混合。

溶液 2

物质	用量
1%的卑斯麦棕 2,4 盐酸二氨基偶氮苯水溶液	33.3 mL
蒸馏水	66.7 mL

2. 染色步骤如下:

(1)在载玻片上准备一个薄的混合液的涂片,使涂片完全风干。

(2)用含 A 和 B 的新鲜(冷冻且少于 6 个月)溶液 1 将涂片染色 15 s,随后,让过量的溶液流出玻片就行了。

（3）用溶液 2 将涂片染色 45 s。

（4）用蒸馏水清洗载玻片，并让水流到玻片的背面。风干载玻片。

（5）在亮视野显微镜的 1000×油镜下观察染色后的涂片。淡棕到黄色的丝状生物是奈瑟阴性菌,而灰蓝色的即为奈瑟阳性菌。

7.2.5　PHB 染色法

有些丝状生物储存一些食物如胞内"淀粉"粒,这些颗粒被称为聚羟基丁酸酯(PHB)。由于这些颗粒的存在与否能被 PHB 染色技术探测到,因此 PHB 染色可以用来鉴定丝状生物的名称或型号。

1. 实验方案:PHB 染色法

溶液:准备以下两种溶液。

	溶液	配制方法
溶液 1	苏丹黑 B(Ⅳ)	质量分数 0.3% 的乙醇(60%)溶液
溶液 2	蕃红 O	质量分数为 0.5% 的水溶液

含有 PHB 颗粒的丝状生物包括:

（1）贝氏硫细菌的某些种属

（2）微丝菌

（3）诺卡氏菌

（4）浮游球衣菌

（5）1701 型菌

（6）021N 型菌

（7）Nostocoida limicola

注:Nostocoida limicola:丝状菌中的一种。细胞杆状,成串,革兰氏阴性;菌落乳白色,较小,光滑,边缘规整,凸起。

2. 染色步骤如下:

（1）准备一个薄的混合液涂片于载玻片上,确保涂片已完全风干。

（2）用溶液 1 将涂片染色 10 min,若涂片开始变干,则添加更多的溶液,最后用蒸馏水清洗干净。

（3）用溶液 2 将涂片染色 10 s,然后用蒸馏水彻底清洗干净,并让玻片自然风干。

（4）在亮视野显微镜的 1 000×油镜下观察染色后的涂片。PHB 颗粒呈现蓝黑色,而细胞质呈现粉红色或透明的。

7.2.6　蕃红染色法

蕃红染色法可以用于判断絮状颗粒中细菌细胞聚集的松紧情况,如图 7.3 所示。例如,老化的细胞在增长过程中分泌相对少量的多糖,因此,细胞聚集地紧密,经过蕃红染色后,呈红黑色,且细胞间的间隔很小。幼龄细胞在增长过程中分泌大量的多糖,因此,细胞松散地聚集着,经过蕃红染色后,呈淡红或粉红色,且细胞间的间隔大。在蕃红染色的条件下,通过絮状颗粒中可溶性 cBOD 的释放可以看出细菌细胞的快速增长。絮状颗粒的中心是红色的,细胞紧密地聚集于此。而边缘是亮红色或粉红色的,细胞松散地聚集着。

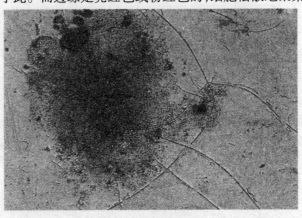

图7.3　蕃红染色法

蕃红染色法用于检测由于可溶性 cBOD 的缓慢释放而导致在絮状颗粒周边迅速增长的细菌细胞。在蕃红染色下,混合液涂片中的幼龄细菌细胞松散地凝聚在一起(淡红色),而老细菌细胞紧密地凝聚在中心(深红)。

1. 实验方案:蕃红染色法

溶液:使用革兰氏染色中的溶液4或配备以下溶液:

物质	用量
蕃红 O (2.5%的蕃红 O 溶于95%的乙醇中)	10 mL
蒸馏水	100 mL

2. 染色步骤如下:

(1)准备一个薄的混合液涂片于载玻片上,确保涂片已完全风干。

(2)用蕃红 O 将涂片染色 1 min,然后用蒸馏水洗净玻片并吸干。

(3)在亮视野显微镜的 1 000×油镜下观察染色后的涂片。老化的细菌呈现红色,并紧密地聚集在一起,而幼龄细菌呈浅红或粉红色,且松散的聚集着。

7.2.7　鞘染色法

有些丝状生物具有一个缠绕整个身体的鞘或透明的保护层。由于鞘的存在与否能被鞘染色技术检测到。因此鞘染色法可以用于鉴定丝状生物的名称或型号,带鞘的丝状生物包括以下类型:

(1)软发菌

(2)发硫菌属某些种

(3)0041 型菌

(4)0675 型菌

(5)1701 型菌

(6)1851 型菌

1. 实验方案:鞘染色法

溶液:质量分数为 0.1%的晶状紫罗兰水溶液。

2. 染色步骤

（1）滴一滴混合液和一滴晶状紫罗兰于载玻片上，用一根牙签将其混匀。

（2）在上述载玻片上盖上盖玻片，并在相称显微镜的油镜（1000×）下观察样品。丝状细胞被染成深蓝，而鞘被染成粉红色或仍为透明的。

7.2.8　硫氧化试验

测试丝状生物能不能（或有没有特殊酶）利用基质（cBOD）或氧化无机化合物可用于鉴定丝状生物的名称和型号。一种常用于混合液中丝状生物鉴定的生化反应或测试为硫氧化试验（"S"试验）。

在混合液中进行的硫氧化试验可以确定丝状生物氧化硫的能力以及存储硫作为细胞内颗粒物的能力。有些丝状生物，如贝氏硫细菌，在不应用硫测试的正常环境下，它们体内的细胞质中通常含有硫颗粒。但是另一些丝状生物只在应用硫测试后，才在其体内检测到了硫颗粒。0092 型和 021N 型菌是在"S"测试下产生硫颗粒的典例。

为了确定混合液中的丝状生物有没有氧化硫的能力，必须在应用硫测试后，才在其体内或体外检测硫颗粒的存在。

1. 实验方案：硫氧化试验

溶液：Na_2S 溶液（每 100 mL 蒸馏水溶解 200 mg Na_2S）。

2. 染色步骤

（1）取 15 毫升混合液与 15 mL Na_2S 溶液混合于烧杯，然后让处理过的混合液静置 15 min，定时搅拌使固体处于悬浮状态。

（2）静置 15 min 后，用总放大倍数为 400× 的相称显微镜检测丝状生物，从而判断出硫颗粒是否存在于丝状生物的细胞质中。硫颗粒折射率大，在相称显微镜下很容易被观察到。

7.3　其他染色方法

7.3.1　抗酸染色（Ziehl–Neelsen 和 Kinyoun）

一些微生物菌体不易用简单的染色方法染色（分枝杆菌属、诺卡氏菌属以及寄生虫如隐孢子虫），但是用石炭酸品红加热这些微生物就可以染色，加热使染液进入细胞。一旦微生物菌体吸收了石炭酸品红，就易被酸醇混合液脱色，因此这成为抗酸性（acid–fast）染色。抗酸性是由于这些微生物细胞中含有大量的脂质。Ziehl–Neelsen 抗酸染色程序是非常有用的微生物鉴别技术，它基于微生物对石炭酸品红保留时间长短的差异。抗酸菌能够滞留这些染料而呈红色（图 7.4），非抗酸菌则呈现蓝色或黄色。由于非抗酸菌经过酸醇混合物脱色后为无色，所以它所呈现的是碱性亚甲基蓝复染的染料的颜色。这种方法将原来的加热改进为湿试剂来确保染料渗进细胞，这种方法称为 Kinyoun 染色程序。

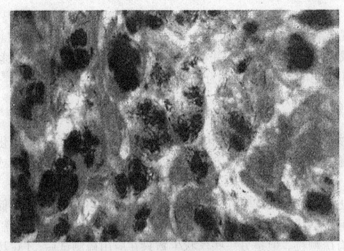

图 7.4　分支杆菌属抗酸杆菌 Ziehl–Neelsen 染色

　　耻垢分枝杆菌和草分枝杆菌是分枝杆菌属的非致病菌,它们的抗酸性,表现在菌株生长的某些阶段,不容易进行革兰氏染色,这些抗酸菌不能运动,不产生孢子。无荚膜,生长缓慢,甚至是非常的缓慢,所以这种菌非常实用于抗酸染色。

　　抗酸染色可以确定麻风分支杆菌和结核分枝杆菌。这种方法还可以鉴定需氧属的诺卡氏菌属,尤其是导致肺部诺卡氏菌病的条件致病菌巴西诺卡氏菌和星形诺卡氏菌,还能用抗酸染色鉴定能够引起人类腹泻的水生单细胞寄生菌隐孢子虫。

1. 实验方案

(1)Ziehl–Neelsen(热染法)程序

溶液:石炭酸品红、碱性亚甲基蓝、算醇混合物。

染色步骤如下:

　　①准备大肠杆菌和耻垢分枝杆菌混合物的涂片。涂片在空气中干燥后加热。

　　②打开排气扇将载玻片将载玻片放在加热器上,用于载玻片同样大小的纸片盖住涂片。用石炭酸品红溶液浸泡这些纸片(图 7.5(a))。加热 3 ~ 5 min,不要让载玻片干燥,也不可以加入过多的染液,调整加热器的温度,避免其沸腾。染色环放在距水面 1 ~ 2 in 的位置进行沸水浴加热也可。

　　③从加热器上移开载玻片后进行冷却,然后再用水剽袭 30 s(图 7.5(b))。

　　④一滴一滴的加入酸醇混合液进行脱色,一直到载玻片略呈粉红色,这大约需要 10 ~ 30 s,一定要小心的操作(图 7.5(c))。

　　⑤用水漂洗 5 s(图 7.5(d)),然后用碱性亚甲基蓝复染 2 min(图 7.5(e)),后再用水漂洗 30 s(图 7.5(f)),结束后用水纸吸干(图 7.5(g))。

　　⑥染色涂片不需要加盖玻片。在油镜下观察并记录。抗酸菌呈红色,背景和其他菌染成蓝色或者棕色。

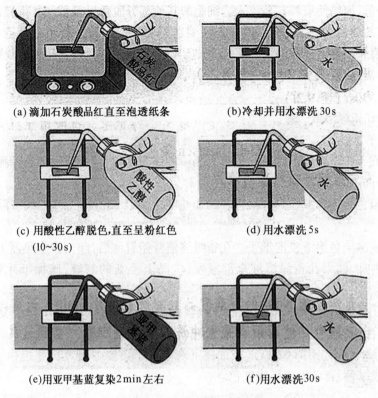

(a)滴加石炭酸品红直至泡透纸条　　　　(b)冷却并用水漂洗30 s

(c)用酸性乙醇脱色,直至呈粉红色　　　　(d)用水漂洗5 s
　　(10~30 s)

(e)用亚甲基蓝复染2 min左右　　　　　(f)用水漂洗30 s

图7.5　抗酸染色操作步骤

(引自:J·P·哈雷等.图解微生物实验指南.北京:科学出版社,2012)

（2）Kinyoun(冷染法)程序染色步骤如下:

①如前面所叙述的热固定载玻片。

②用添加了表面活性剂的石炭酸品红冲洗载玻片 5 min,不需要加热。

③先用酸醇混合液脱色,然后用自来水冲洗,反复该步骤知道从载玻片上冲洗下来的液体不再有颜色。

④用碱性亚甲基蓝复染 2 min,冲洗并吸干。

⑤在油镜下观察。抗酸菌呈红色,背景和其他菌是蓝色。

2. 注意事项

①调整光圈和聚光器是区分痰或者其他黏性背景中的抗酸微生物的关键。

②石炭酸品红加热时会释放苯酚,苯酚有毒,因此该过程必须在通风橱中进行。

③新鲜培养的微生物的抗酸性不如培养较久的,前者积累的脂质亮较少。

④制备时将细菌和卵清蛋白混合,这样有助于细菌黏附到载玻片上。

7.3.2　内芽孢染色

杆菌和梭状芽孢杆菌等细菌能在逆境中长期的存活,产生抗性结构,一旦条件合适,再复苏形成新的细菌细胞。抗逆结构产生于细菌细胞内部,所以称为内芽孢。内芽孢可能比亲代细菌细胞小或者更大,其呈球形或椭圆形,它在细胞内的位置因细菌而异,可能在中间。也可能位于近末端或者末端。内芽孢不容易染上色,但是一旦染上色后也不容易脱色内芽孢用孔雀绿染色,加热使染料容易渗入。细胞的其他部分脱色后被蕃红复染成浅红色。

只有少数的细菌能产生芽孢。其中具主要医学意义的菌株包括炭疽芽孢杆菌、破伤风梭菌、肉毒梭菌和产气荚膜梭菌。内芽孢的位置和大小因菌株而异。因此,其大小和位置在菌株鉴定中非常重要。

1. 实验方案:内芽孢染色

试剂:5%孔雀绿溶液、蕃红。

染色步骤如下:

(1)用笔在4张玻璃载玻片边缘标记上相应的细菌名称,并用接种环无菌操作转移相应菌到载玻片上,自然干燥。

(2)将带染色载玻片放在具有染色环的加热器上,用纸巾盖住涂片,纸巾需要和载玻片同样的大小。

(3)用孔雀绿染色溶液浸泡纸张。孔雀绿溶液开始冒泡后计时,在加热器上温和的加热5~6 min,加热时,如果孔雀绿溶液全部蒸发,应马上换新的溶液,确保纸片饱和(图7.6(a))

(4)用镊子移走纸片,冷却后用水冲洗载玻片30 s(图7.6(b)),用蕃红复染60~90 s(图7.6(c)),再用水冲洗载玻片30 s(图7.6(d))。

(5)用吸水纸吸干(图7.6(e)),在油镜下观察。不需要盖玻片。芽孢(内芽孢和自由芽孢)都被染成绿色,营养细胞染成红色。

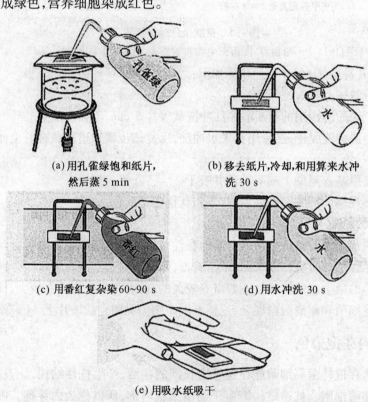

(a)用孔雀绿饱和纸片,　　　　　　(b)移去纸片,冷却,和用算来水冲
　　然后蒸5 min　　　　　　　　　　　洗30 s

(c)用蕃红复染60~90 s　　　　　　(d)用水冲洗30 s

(e)用吸水纸吸干

图7.6　内芽孢染色操作步骤

(引自:J. P. 哈雷等. 图解微生物实验指南. 北京:科学出版社,2012)

2. 注意事项

（1）应该慢慢的蒸菌株而不能煮。

（2）载玻片在冷水冲洗之前应该先自然冷却，如果未先冷却，漂洗时载玻片容易破碎。

（3）废弃的载玻片应当放到装有消毒剂的专用容器中。

7.3.3　荚膜染色法

荚膜是一些细菌周围有的那一层黏滑的膜。细菌的种类不同导致组成和厚度也不同。荚膜中一般含有多糖、多肽和糖蛋白。荚膜厚的致病菌一般比荚膜薄或无荚膜的细菌的毒性更大，因为荚膜能够抵抗宿主吞噬细胞的吞噬作用。仅凭负染或墨汁染色等简单染色实验没有办法判断细菌有无荚膜。细菌周围没有染色的区域有可能是干燥后，细胞与周围染料分开了。而荚膜染色法则可方便的鉴定是否存在荚膜。Anthony's 染色法采用了两种试剂。用结晶紫进行初染，它能将细菌细胞和荚膜成分染成深紫色。与细胞本身不同，由于荚膜不是离子，初染染料不能黏附。硫酸铜作为脱色剂，它去掉多余的初染染料并且使荚膜脱色。同时，硫酸铜也作为复染剂，被吸入荚膜并使其变为浅蓝色或是粉红色。在这种方法中，涂片不能进行加热，因为在加热后肯能引起皱缩并且在细菌的周围形成一圈明亮的区域，这有可能被误认为是荚膜。

荚膜的存在与否在临床中还是判断病菌及其毒力高低的指标之一。毒力是致病菌导致疾病严重程度的参数。很多细菌（肺炎链球菌、变形链球菌以及真菌）都含有成为荚膜的凝胶状覆盖物。

1. 实验方案

（1）Anthony's 染色法（荚膜染色法）

试剂：70% 乙醇、20% 硫酸铜溶液、蕃红染料、墨汁。

染色步骤如下：

①用接种环进行无菌操作取 1 环细菌到载玻片上。载玻片自然的干燥不可进行加热固定。

②把载玻片放到染色架上，滴加结晶紫，覆盖涂片后静置 4 ~ 7 min（图 7.7（a））

③用 20% 硫酸铜彻底的清洗载玻片（图 7.7（b）），然后用纸吸干（图 7.7（c））。

④在油镜下观察，得出结论。

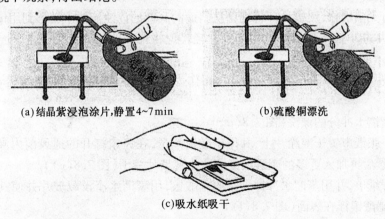

(a) 结晶紫浸泡涂片,静置4~7min　　　(b) 硫酸铜漂洗

(c) 吸水纸吸干

图 7.7　荚膜染色操作步骤

（引自：J. P. 哈雷等. 图解微生物实验指南. 北京：科学出版社，2012）

（2）Graham、Evans 染色法

①用酒精车顶的清洗载玻片。

②用接种环挑取两种不同的细菌到载玻片的一端,滴加少量的墨汁(1～2 滴),并混匀。

③用另外的一载玻片展开混合液滴,制作较薄的涂片,干燥涂片。

④为了避免细菌从载玻片上洗掉应慢慢的用蒸馏水清洗。

⑤用革兰氏结晶紫染色 1 min 后用水冲洗。

⑥用蕃红染色 30 s 后用水冲洗,吸干。

⑦如果有荚膜存在的话粉红至红色的细菌周围有一亮区,其背景为黑色。

2. 注意事项

（1）墨滴务必要少滴。

（2）显微镜的亮度的调节是观察最佳荚膜图像的关键之一。

（3）70% 乙醇应远离明火。

7.4　鞭毛染色:West 和 Difco's 斑点测试法

细菌的鞭毛是负责运动的细丝状细胞器,它很纤细,直径约为 10～30 nm,需要电子显微镜才可以观察的到。鞭毛只有用媒染剂如鞣酸、钾明矾包被并用碱性品红、硝酸银或结晶紫染色,增加厚度,光学显微镜才能观察的到。尽管鞭毛的染色很困难,但是这可以了解到鞭毛存在与否及其位置,在细菌的鉴定中鞭毛的鉴定是有很大的价值的。

Difco's 斑点测试鞭毛染色利用结晶紫的醇酸溶液最为初染液,鞣酸和钾明矾为媒染剂。在染色的过程中,乙醇蒸发,沉淀在鞭毛周围的结晶紫增加了大小。

在临床中,靠鞭毛运动的重要的病原体有百日咳杆菌、普通变形杆菌、铜绿假单胞菌和霍乱等,这些细菌是通过有无鞭毛及其数量和排布方式来鉴定的。

7.4.1　West 测试法

试剂:无菌蒸馏水、硝酸银、鞣酸、结晶紫、钾明矾。

实验步骤如下:

（1）进行无菌操作,用接种环将细菌从斜面的底部的浑浊液体中转移到用镜头纸擦干净的载玻片中央的 3 小滴蒸馏水中,用接种针轻轻地将稀释的菌悬液涂布在 3 cm 的区域(图 7.8(a))内。

（2）载玻片风干 15 min(图 7.8(b)),用作为媒染剂的鞣酸和钾明矾覆盖干涂片 4 min (图 7.8(c))。

（3）用蒸馏水冲分的漂洗(图 7.8(d))。

（4）将一张纸巾置于湿涂片上,并用硝酸银浸透,在风扇打开的通风橱内沸水浴加热载玻片 5 min,然后再加入更多的硝酸银染液防止载玻片变干(图 7.8(e))。

（5）移开纸巾,并用蒸馏水冲掉多余的硝酸银,用蒸馏水淹没载玻片并使其静置 1 min,直至残余的硝酸银浮在表面(图 7.8(f))。

（6）然后再用水轻轻冲洗,并小心摇掉载玻片上残余的水分(7.8g)。

室温风干载玻片(7.8h)

（7）用油镜观察涂片的边缘,记录结果。

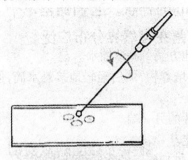

(a) 将细菌置于3滴蒸馏
水中并涂开

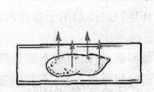

(b) 风干 15 min

(c) 用煤染液覆盖涂片 4 min

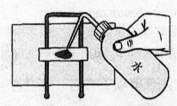

(d) 用蒸馏水充分冲洗

沸水浴

(e) 将纸巾置于涂片上方
并用染液浸透;加热 5 min

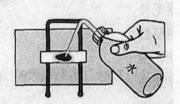

(f) 用蒸馏水浸没载玻片并静
置 1 min

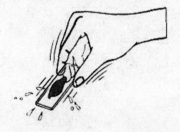

(g) 将多余的水流出载玻片

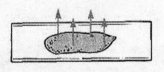

(h) 室温下风干

图 7.8 鞭毛染色操作步骤

(引自:J. P. 哈雷等. 图解微生物实验指南. 北京:科学出版社,2012)

7.4.2 Difco 斑点测试法

实验步骤如下：

(1)在载玻片距离磨砂边缘大约 1 cm 的地方滴一滴蒸馏水。

(2)用接种环轻轻地接触用于检验的菌落培养物，然后轻轻地接触水滴，但是不要接触到载玻片，不能进行混合。

(3)略微的倾斜载玻片，使标本流到载玻片的另一端。

(4)室温下进行风干载玻片，不要用热固定。

(5)用 Difco's 斑点测试检验鞭毛染液的小玻璃管里的物质浸没载玻片。

(6)让结晶紫的酸醇溶液在载玻片上作用大约 4 min。

(7)用自来水或洗瓶的水小心的冲洗载玻片上的染液，同时将载玻片仍放在染色架子上。

(8)冲洗后略微的倾斜载玻片，使多余的水流走，室温风干或置于载玻片加热器上。

(9)用油镜观察标本，细菌及其鞭毛应呈紫色。

7.4.3 注意事项

(1)制作图片时要温和，不要猛烈振荡培养物，以避免鞭毛脱落。

(2)用新鲜的胰蛋白胨大豆琼脂斜面培养基培养细菌，保证斜面底部仍有液体。

第8章　活性污泥中微生物的初步观察

8.1　引言

在活性污泥法中,显微技术运用于过程控制和故障诊断,为污水处理厂经营者提供了一个特别的工具。显微镜通常被当作惯例的或必须的工具,用于判断不同操作条件对生物量和废水处理效果的影响。取样和显微镜镜检的频率通常由人力、问题的严重性、工厂排放水的水质和水量决定,频率可以是一天、一周、一月一次或每一次平均细胞停留时间(mean cell residence time,MCRT),为了能够获取与引起操作条件改变的因素相关的有用数据,以便于改进弥补措施,显微镜可能会使用地更频繁。

尽管显微镜的使用最初会让人感到困惑,显微镜镜检所需的时间也比较长,但是随着显微技术和鉴别生物的能力逐渐提高,用于显微镜镜检的时间会大大降低。因此,显微镜的使用可能会成为活性污泥法中过程控制和故障诊断的一个标准分析工具。

显微镜让操作员看到了污水处理系统中的"臭虫"或生物,在稳定操作条件下,每一种处理方法都针对特定的生物,通过观察这些微生物,操作员能够将生物与现存的操作条件联系起来,这些条件可以是可行的或不可行的。因此,操作员能够"读"懂生物,从而判断出操作条件的可行性,即利用生物作为指示或"生物指示"。

活性污泥法涉及各种各样的生物,数量较多且起重要作用的主要有细菌和原生动物(图8.1),数量较少的有复细胞或多细胞生物、显微镜下可见的小动物和肉眼可见的无脊椎动物(图8.2)。在活性污泥法中常见的复细胞生物包括轮虫、自生生活的线虫、水熊和刚毛虫,此外还有藻类、真菌、幼虫、水蚤和污泥蠕虫。

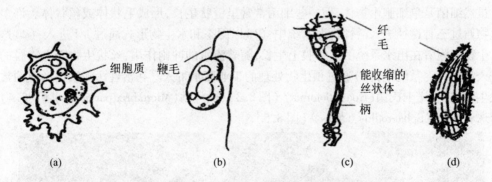

图8.1　活性污泥法中三种常见类型的原生动物

(引自:Michael H. Gerardi 等. Microscopic Examination of the Activatell Sludge Process,美国:A JOHN WILEY & SONS,INC,2008)

活性污泥中常见细菌和微动物类型包括:变形虫如棘阿米巴图8.1(a),鞭毛虫如波豆虫图8.1(b),以及纤毛虫如钟形虫图8.1(c)和赭纤虫图8.1(d)。

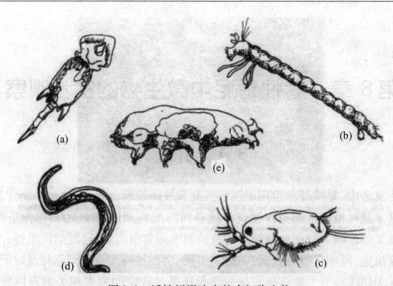

图 8.2 活性污泥法中的多细胞生物

(引自：Michael H. Gerardi 等. Microscopic Examination of the Activatell
Sludge Process,美国：A JOHN WILEY & SONS,INC,2008)

常见的多细胞生物包括轮虫图 8.2(a),红蚯蚓图 8.2(b),水蚤图 8.2(c),自生生活的线形虫图 8.2(d)和水熊图 8.2(e)。

细菌以固态和水生物形式通过排泄物、流入物和渗入物(inflow and infiltration,I/I)进入活性污泥系统中,并常以分散、运动的细胞或絮状的细胞或丝状体存在于活性污泥系统中。分散的细胞包括许多幼小的细菌及硝化细菌和亚硝化细菌,随着细菌的生长,它们逐渐退去运动器官——鞭毛,并产生一个黏多糖的外套,促进了絮凝体和絮状颗粒的形成。大肠杆菌和菌胶团就是絮凝形成的细菌体,它们能迅速凝聚,促使絮凝物的形成和絮状颗粒的长大。那些不发生凝聚的细胞则有三种去向:(1)由于兼容电荷的存在被絮状颗粒吸收;(2)带鞭毛的原生动物和复细胞动物分泌产生外套,引起兼容电荷改变,使细胞被絮状颗粒吸收;(3)直接被原生动物和后生动物吞噬掉。

虽然细菌是单细胞生物体,但一些细菌常常呈链状生长,形成毛状体或丝状体。许多丝状生物通过三种途径进入活性污泥系统中:(1)以固态和水生物形式通过 I/I 进入;(2)这些丝状生物先附着在出水系统的生物膜上生长,随着流水的冲刷作用,丝状生物随生物膜的脱落进入活性污泥系统中;(3)通过预生物处理的工业废水带入。在活性污泥法中形成的常见丝状生物包括:诺卡氏菌(Nocardioforms)(图 8.3),微丝菌(Microthrix parvicella)(图 8.4)和浮游球衣细菌(Sphaerotilus natans)(图 8.5)。

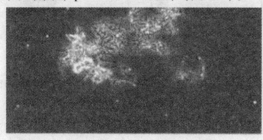

图 8.3　诺卡氏菌 　　　　　　　　　　　　图 8.4　微丝菌

诺卡氏菌是一种体型小(<20 μm)、具有分枝结构且能产泡沫的革兰氏阳性(蓝)丝状菌。分枝是真实存在于诺卡氏菌中的,在分枝结构间是连续性生长的单细胞物质,即,在分枝间没有"间隙",同时,分枝结构没有被透明的鞘包围。

微丝菌是一种长约 100 ~ 400 μm、无分枝结构、能产泡沫的革兰氏阳性(蓝)丝状菌。这种丝状菌经革兰氏阳性显色后看起来像"一串蓝宝珠"。

图 8.5 球衣菌

球衣菌是一种较长的(>500 μm)、具有分枝结构的革兰氏阴性(红)丝状菌,它的分枝是假的,分枝被一个透明的树鞘包围,分枝间有"间隙"或者说无细胞物质。

在活性污泥法中,每毫升废水中约含有一百万个细菌,每克固体中约含有十亿个。细菌对有机物的降解、营养物(氮和磷)的去除、絮凝物形成和胶体、分散生长物、微粒物、重金属的去除起着重要作用。

原生动物是单细胞生物体,其结构类似于动物或植物。大多数原生动物是自生生活的,它们以固态或水生物形式通过 I/I 进入活性污泥系统中。随着操作条件的变化,原生动物的数量在小于 100 个/mL ~ 10 000 个/mL 间变动。废水中的原生动物曾被分为四、五、六类,但在活性污泥法中,原生动物常被分成五类,它们是:变形虫、鞭毛虫、自由游泳型纤毛虫、匍匐型纤毛虫、固着型纤毛虫(图 8.6)。

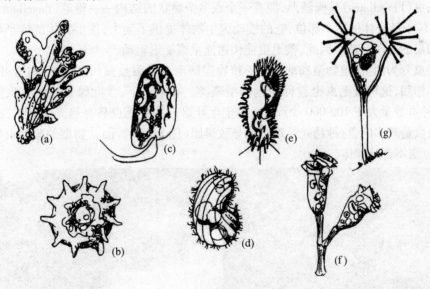

图 8.6 原生动物的分类

(引自:Michael H. Gerardi 等. Microscopic Examination of the Activated Sludge Process. 美国. A JOHN WILEY & SONS,INC,2008)

活性污泥法中原生动物五大基本种类的代表包括:变形虫如大变形虫(图 8.6(a))和表壳虫(图 8.6(b));鞭毛虫如有壳叶状根足虫(图 8.6(c));自由游泳型纤毛虫如肾形虫(图 8.6(d));匍匐型纤毛虫如棘尾虫(图 8.6(e));固着型纤毛虫如钟形虫(图 8.6(f));偶尔,有触角的固着型纤毛虫如壳吸管虫图(8.6(g))也能被观察到。

　　变形虫(Amoebae)的细胞质与果冻相似,细胞膜纤薄,细胞质在细胞膜内的流动为变形虫提供了动力,这种伸缩运动被称为"伪足"运动,它使变形虫能够捕捉到微小的物质和细菌作为其营养物质。

　　通常存在两种类型的变形虫,裸露变形虫和有壳变形虫。裸露变形虫如大变形虫(图8.7)没有保护层,有壳变形虫如砂壳虫(图8.8)则有保护层。保护层含有一种钙化的物质,起保护作用,使微生物在水流中缓慢地移动。变形虫在废水中缓慢地移动,因而在混合液的显微镜镜检中常被忽略掉。通常,有壳变形虫会被误认为是囊、花粉粒或其他东西。

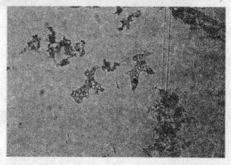 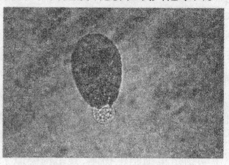

图8.7　大变形虫(Amoeba proteus)　　　　　图8.8　砂壳虫(Difflugia)

裸露的变形虫如大变形虫通常很难被观察到,是由于它们移动缓慢且与周围环境几乎无对比。

　　有壳的变形虫如砂壳虫依靠壳内细胞质的流动而移动或在水流中漂移。

　　鞭毛虫(Flagellates)呈椭圆形,拥有一个或多个鞭状的结构——鞭毛(flagellum or flagella),鞭毛位于其身体的后半部位,它的摆动为生物体提供了动力,使生物体的前半部分朝着与摆动相反的方向运动。因此,鞭毛虫能快速地呈螺旋形运动。

　　鞭毛虫分为两类:植物型和动物型。植物型鞭毛虫如眼虫藻(图8.9),内含叶绿体,能进行光和作用,这种鞭毛虫也被称为运动型藻类。在强光下,含叶绿素的鞭毛虫能快速繁殖,导致种群数量大于100 000 个/mL。由于含叶绿素的鞭毛虫具有趋光性,当二次澄清池内鞭毛虫数量较多时,这种趋光运动可能导致聚团(图8.10)。而动物型的鞭毛虫如波豆虫(图8.11)则不含叶绿体。

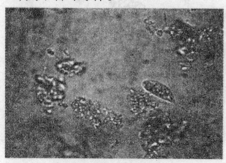 

图8.9　眼虫藻(Euglena)　　　　　图8.10　含叶绿素的鞭毛虫聚集在一起

植物型、运动型藻类或含叶绿素的鞭毛虫如眼虫呈绿色,是因为内含光合的色素或叶绿体。它们能进行光合作用,即会朝向光运动。除了能进行光合作用,植物型鞭毛虫还依靠鞭毛的摆动作用而移动。

　　在野外稳定性实验的澄清池内,相当大数量(每毫升>100,000)的含叶绿素鞭毛虫或运动鞭毛能将残留的固体物质"推"向有光的地方。

动物型鞭毛虫如波豆虫不含叶绿体,没有趋光性,无叶绿素的鞭毛虫依靠鞭毛的摆动来实现其运动。

自由游泳型纤毛虫(Free-swimming ciliates)在本体溶液中自由的运动,即它们并不黏附于絮状颗粒上。例如草履虫(Paramecium)(图 8.12)和喇叭虫(Stentor)(图 8.13),它们拥有大量类似短发的结构或纤毛,这些纤毛分布于整个体表,有节奏地摆动着,从而引起水的流动,水流又将悬浮或分散的细菌推至纤毛虫底部或腹部的胞口内。

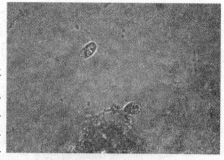

图 8.11　波豆虫(Bodo)

图 8.12　草履虫(Paramecium)

图 8.13　喇叭虫(stentor)

自由游泳的纤毛虫如草履虫有成排的类似短发的结构或纤毛分布在机体的整个表面,纤毛的摆动提供了动力,使细菌进入纤毛虫的胞口内。

喇叭虫是一种喇叭状的、能自由游泳的纤毛虫。

匍匐型纤毛虫(Crawling ciliates)也有成排的纤毛,但纤毛只分布于其腹表面上。由于纤毛数量的减少,匍匐型纤毛虫如楯虫(图 8.14)和游仆虫(图 8.15)不善于运动,而选择待在絮状颗粒的表面上。一些在生物体前半部分或后半部分成排的纤毛逐渐退化成"刺",这些"刺"使纤毛虫固定在絮状颗粒上,一旦被固定上,纤毛的摆动引起的水流就使分散的细菌进入纤毛虫腹表面的胞口内。

固着型纤毛虫或有柄纤毛虫(Stalked ciliates)沿胞口周围有一圆排纤毛,它起两个作用:第一,产生水流将分散的细菌推引到胞口处;第二,作为一个"助推器"使生物从溶解氧浓度低的地方(<0.5mg/L)游向溶解氧浓度高的地方(图 8.16)。

图 8.14　楯虫(Aspidisca)

图 8.15　游仆虫(Euplotes)

图 8.16　自由游泳的固着型纤毛虫

匍匐型纤毛虫如楯虫只在其身体的腹表面有成排的纤毛,纤毛的摆动就如原生动物有无数双小"腿"在絮状颗粒表面爬行。

在超显微镜下,能够看到游扑虫与絮状颗粒的表面相接触,一些纤毛已经蜕变成"刺",

使原生动物固定在絮状颗粒的表面上。

　　在低溶氧浓度下(<0.5mg/L),固着型纤毛虫如钟形虫从絮状颗粒上分离下来,游向溶解氧浓度更高的地方。固着型纤毛虫利用它们的柄(或"尾巴")作为方向舵,利用胞口周围的纤毛作为"助推器"。

　　钟形虫(图8.17)是一种独居的原生动物。

　　独缩虫(图8.18)是一种聚居的原生动物。

图 8.17　钟形虫(Vorticella)　　　　图 8.18　独缩虫(Carchesium)

　　典型的固着型纤毛虫是固着或黏附于絮状颗粒上的,但在低溶氧浓度下能自由游泳。固着型纤毛虫可以是独居的,如钟形虫(图8.17),也可以是聚居的,如独缩虫(图8.18)。一些固着型纤毛虫如钟形虫,由于具有收缩性的丝状体——肌丝,而能够"弹跳"(图8.19),这种"弹跳"运动引起水涡旋,吸引了更多的细菌进入胞口。一些固着型纤毛虫如盖虫(图8.20),因不具有收缩性的肌丝而不能"弹跳"。

　　原生动物,特别是有纤毛的原生动物,在活性污泥系统中扮演着重要的角色,这些角色包括:

　　(1)通过吞噬作用和盖覆作用去除分散的细菌:吞噬作用就是细菌的消耗过程,而盖覆作用是指细菌表面被分泌物所覆盖,使得细菌细胞的表面电荷与絮状颗粒兼容而易被吸附上去。

　　(2)提高絮状颗粒的二次沉淀效果:当原生动物趴在或附在絮状颗粒上时,使絮状颗粒的重量增加从而沉降下来。

　　(3)通过原生动物的分泌物或废弃产物,回收矿质营养物质,尤其是氮和磷。

　　一些固着型纤毛虫如钟形虫,在柄鞘中分布着能收缩的丝状体——肌丝,从而产生"弹跳"反应。这种弹跳作用引起的水涡旋吸引细菌进入胞口内。

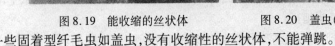

图 8.19　能收缩的丝状体　　　　　图 8.20　盖虫(Opercularia)

　　一些固着型纤毛虫如盖虫,没有收缩性的丝状体,不能弹跳。

后生动物是多细胞生物体,以固态或水生生物的形式通过 I/I 进入活性污泥法中。后生动物是严格好氧的生物,不能忍受如下不利的操作环境,如低溶解氧浓度、高污染、强毒性。最常见的后生动物是轮虫(图 8.21)和自生生活的线虫(图 8.22),它们的现存数量较少,每毫升约为几百只,但是在活性污泥法中扮演着重要的角色,这些角色包括:

(1)通过吞噬作用和盖覆作用去除分散的细菌。

(2)提高絮状颗粒的二次沉淀效果:当后生动物趴在或穴居在絮状颗粒上时,使絮状颗粒的重量增加从而沉降下来。

(3)通过后生动物的分泌物或废弃产物,回收矿质营养物质,尤其是氮和磷。

(4)分泌成团的废物作为细菌黏聚的场所,从而引发絮凝物的形成。

(5)在絮状颗粒内剪切其内部结构或穴居在絮状颗粒内,从而促进细菌活动。这种剪切行为和掘穴行为促使自由氧分子(O_2)、NO_3^-、生化需氧量(BOD)和营养物质渗入到絮状颗粒的中心。

图 8.21　轮虫(Rotifer)　　　　　图 8.22　线虫(Nematode)

轮虫如旋轮虫(Philodina)是活性污泥法中最常见的后生动物。

自生生活的线虫是活性污泥法中较常见的后生动物,通过其口器能掘进入絮状颗粒内。

当活性污泥趋于成熟并能在稳定状态下顺利运行,它的混合液就产生了自己独特的生物群体,这个群体反映了一个稳定状态的环境或操作条件,这一条件包括许多参数:适宜的污泥容积指数(the sludge volume index,SVI),适宜的营养物与微生物的比值(the food-to-microorganism ratio,F/M),适宜的细胞平均停留时间(the mean cell residence time,MCRT)。在稳态条件下,混合液所包含的生命体能指示出混合液的可行性。对于活性污泥法来说,在稳态条件下(图 8.23),一个成熟、发育良好的混合液生物群体可能包含以下方面:

(1)本体溶液中分散生长物极少;

(2)本体溶液中颗粒物极少;

(3)絮状颗粒大部分为中等尺寸(150~500 μm)或更大(>500 μm);

(4)大部分絮状颗粒都是不规则的,且呈金黄色;

(5)通过亚甲基蓝染色后,可以看到大部分絮状颗粒既结实又紧密;

图 8.23　成熟的絮状颗粒

(6)存在极少由架桥形成的絮体网和开放结构的长絮体。

(7)含纤毛的原生动物数量大且种类繁多。

在一个良好的稳态条件下,一个成熟的絮状颗粒呈金黄色、不规则形状、中等大小(150~500 μm)或更大(>500 μm)。絮状颗粒中含有有限的丝状微生物群体,本体溶液中含有极少的分散生长物和颗粒物,匍匐型纤毛虫和固着型纤毛虫可能存在于絮状颗粒中。

在活性污泥法中,运行模式的一个偶然变动或工业排放废水的变动都能使混合液的生物群体发生巨大的变化,这些变化可以通过镜检检测到,后者的变化通常能在前者变化之后的 24～36 h 内被观察到。这些变化包括以下方面:

(1)生物的数量;

(2)原生动物的优势种和衰退种;

(3)原生动物和后生动物的结构和活性;

(4)分散生长物和微粒物的数量;

(5)絮状颗粒内储存的食物的量;

(6)絮状颗粒的强度和密度;

(7)絮状颗粒占优势的形状和大小;

(8)絮状颗粒的尺寸范围。

混合液的周期性显微镜镜检可以用于许多过程控制和故障诊断。这些用途包括厂内排放监测和管理。厂内监测就是用目标生物或指示生物快速判断出恶化的或改善的状况,从而找到合适的过程控制措施。排放监测仅仅只限于难处理的废水。

有关混合液的周期性显微镜镜检的原因如下:

(1)将生物的生长状况与操作条件联系起来

(2)将生物的生长状况与工业排放物联系起来

(3)评估在运行模式下各种变动产生的影响

(4)评估工业排放物产生的影响

(5)确定出失去稳定性的原因

(6)确定出固体物质流失的影响因素

(7)确定出引起泡沫产生的因素

(8)制定出合适的过程控制措施

(9)监测和调节过程控制措施

(10)为工业生产和监管机构提供有利的数据

8.2 混合液中的生物食物链

在活性污泥系统的混合液中,生物种类繁多,代表性的生物见表 8.1,这些生物通过排泄物和 I/I 进入活性污泥系统中。大多数的生物是自生生活、肉眼不可见的,需要借助显微镜才能看清它们,只有小部分是肉眼可见的,但是,许多肉眼可见的生物在立体双目显微镜下可以看得更清楚。

表 8.1 混合液中的生物种类

丝状藻类	单细胞真菌
单细胞藻类	腹毛虫
分散细菌	自生生活的线虫
丝状细菌	原生动物

续表 8.1

丝状藻类	单细胞真菌
絮凝形成的细菌	轮虫类
红蚯蚓	螺旋菌
刚毛虫	四联球菌
桡足类	污泥蠕虫
剑水蚤	水熊
丝状真菌	水蚤

随着污泥龄的增长、溶解氧的增多以及污染物的减少,混合液中的生物群体逐渐发展和成熟。这种发展和成熟可以用一系列的步骤描述出来,其中的每一步都可以观察到生物的类型、数量的变化及当时的优势种和本体溶液的性质。这些基本的步骤随着污泥龄的增长和细胞平均停留时间的增加而向前发生着,且无操作性的破坏:

(1)肉眼可见和不可见的生物随着基质或 BOD 和营养物进入活性污泥系统中。BOD 可以认为是污染物,而生物、基质和营养物通过排泄物和 I/I 不断地进入到活性污泥系统中。

(2)在活性污泥系统启动阶段,活性污泥污染较严重,且操作在相对低的溶解氧浓度下进行,低等的生命形式如细菌、变形虫和鞭毛虫存活下来并生长繁殖。

(3)随着污泥龄的增长和细菌数量的增多,废水处理效率逐渐提高,从而使溶解氧浓度增加,BOD 下降,低等的生命形式继续在混合液的生物群体中占统治地位。

(4)随着污泥龄的继续增长,絮凝形成的细菌承受着生理上的压力,产生黏结所必需的细胞成分,絮凝物于是开始形成。絮凝物的形成导致上亿有机营养的硝化细菌被包裹起来,缩小成球形的絮状颗粒。絮状颗粒呈白色,这是由于缺乏一种细菌分泌的重要油状物质累积的结果。絮状颗粒的增长使废水处理效率不断地提高(溶解氧浓度增加和 BOD 降低)。混合液中的细菌大部分呈分散状态或絮凝状态,当时的操作条件促使了中等生命形式(如自由游泳的纤毛原生动物)的快速繁殖,纤毛原生动物又协助本体溶液清除"致浊的"固态物质——胶体、分散的细菌、颗粒物。

(5)丝状微生物开始扩增它的长度,从絮状颗粒的边缘延伸进本体溶液中。长度的增加是由"压力"或污泥老化引起的。

(6)丝状微生物协助降解废水中的 cBOD,并为絮状颗粒抵抗震荡和剪切作用提供力量。丝状微生物连成网状,细菌就沿着它的伸长方向生长繁殖,使絮状颗粒体积增大,这不仅意味着细菌数量的增加,同时也意味着混合液中细菌多样性的增加。在高溶氧浓度下,大量生长缓慢的硝化细菌将 NH_4^+、NO_2^- 氧化成 NO_3^-,从而提高了废水中的 BOD 降解率。

(7)由于丝状生物的生长,絮状颗粒增大为中等尺寸(150～500 μm)或更大(>500 μm)。同时,由于絮凝细菌沿着丝状微生物伸长的方向生长,絮状颗粒的形状变得不规则。随着絮状颗粒数量和体积的增加,越来越多的细菌呈絮凝状态而非分散状态。

(8)随着大部分细菌转化呈絮凝状态,混合液中呈分散状态的细菌数目减少,那些能高效捕捉到分散细菌的原生动物寿命大大延长。这些原生动物包括匍匐型纤毛虫、固着型纤毛虫,它们吸附在絮状颗粒上,通过盖覆作用和吞噬作用继续清除溶液中的固态物质。

(9)絮状颗粒由白色变成金棕色,颜色的变化是老细菌分泌的油状物累积的效果。

(10)混合液成熟和稳定后,溶解氧含量高,BOD 低,高等的生命形式如后生动物(轮虫、自生生活的线虫)生存下来,在显微镜下很容易就能观察到。然而,在活性污泥系统中,后生动物的数量严格受到限制:①活性污泥系统的污泥龄和 MCRT 相对较短,而大多数后生动物当代的存活时间较长,②废水中的能量和成分的改变引起溶解氧含量的波动,③混合液提供的不稳定环境,造成后生动物的雌雄间交配困难。

8.2.1　碳和能量的转移——食物链

所有生物的生长和细胞的代谢都需要依靠碳和能量。进水基质中的碳和能源物质可以被混合液中的生物所利用,基质迅速被有机营养的细菌和硝化细菌所吸收或吸附。

有机营养的细菌可以去除 cBOD(含碳的 BOD)或有机物,包括酸、醇、氨基酸、糖类、淀粉、脂肪、蛋白质。通过降解和氧化 cBOD,有机营养细菌获得碳和能量。硝化细菌从碱(主要是 HCO_3^-)中获取碳,通过降解或氧化 NH_4^+ 和 nBOD(含氮的 BOD)获取能量。在氧化这些物质和去除碱度后,有机营养细菌和硝化细菌仍具有活性,其数量继续增加,这种细菌数量的增加被称为污泥增长。

混合液中的细菌也是 cBOD,即有生命的 cBOD,这是因为它们可以作为其他生物如原生动物和后生动物的碳和能源物质。反过来,原生动物和后生动物也作为其他一些以它们为食的生物的 cBOD。通过这种方式,无生命的 cBOD 中的碳和能量就转化成有生命的 cBOD 形式,并且通过食物链发生传递(图 8.24)。

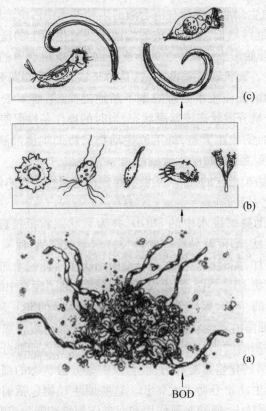

图 8.24　混合液中的生物食物链

（引自 Michael H. Gerardi ts. Micro-Scopic Examination of the Activated Sludge Prcess. 美国：A. Jorli WILER & SONS, INC, 2008）

在稳态运行条件的活性污泥系统中,混合液中的生物系可以描述为:①絮状颗粒中占优势的形状和大小;②相对丰富的丝状微生物类型;③本体溶液的特性;④占优势的原生动物类群;⑤后生动物的出现。这一生物系的变化可连续地被显微镜观察到。但是,运行模式的变动和工业排放的变化都能导致混合液生物系和食物链的变化,后者的变化通常能在前者变化之后的 24～36 h 内被观察到。

8.2.2　细菌——最重要的生物类群

细菌是混合液生物系或食物链中最重要的生物类群,不仅是因为它们数量最多、多样性最丰富,更重要的是它们在活性污泥系统中起着最重要的作用,这些作用如下:

(1)降解 cBOD 和 nBOD;

(2)形成絮凝物;

(3)去除重金属;

(4)去除氮和磷;

(5)去除颗粒物;

(6)去除胶体。

细菌是单细胞生物,大多数细菌的直径<2 μm。目前已发现的大多数细菌有三种基本的形态:球形、杆状、螺旋状(图 8.25),其他的形态还有矩状、片状、桶状、方形。细菌可以以单个细胞、成对细胞(二联体和四联体)以及链状细胞(丝状)(图 8.26)的形式分散存在。许多细菌都是非常活跃的,尤其是新生的细菌,依靠鞭毛的摆动作用而运动(图 8.27)。

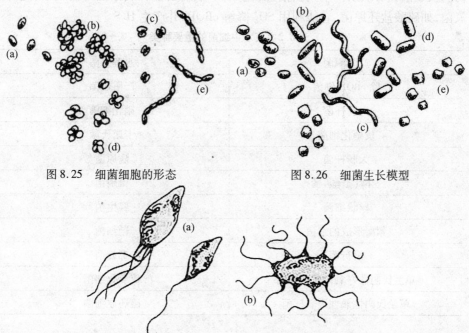

图 8.25　细菌细胞的形态　　　　图 8.26　细菌生长模型

图 8.27　细菌细胞鞭毛的着生位置

在活性污泥系统中,细菌降解流入物和无生命的 BOD 以供细胞的生长和增殖图 8.24(a)。细菌可以呈分散或悬浮状态,也可以作为絮状颗粒的一部分呈絮凝状态。通过降解BOD,细菌增殖产生新的细菌,即有生命的 BOD,细菌又反过来作为原生动物图 8.24(b)的基质,而原生动物又作为后生动物、轮虫和自由生活的线性虫图 8.24(c)的基质。通过这种方式,基质在食物链(从细菌到原生动物再到后生动物)中得到传递。

　　大多数细菌细胞有三种基本的形态:球形图 8.26(a)、杆状图 8.26(b)、螺旋状 8.26(c),其他形态包括矩形 8.26(d)和片状 8.26(e)。

　　细菌可以以单细胞形式图 8.25(a)、不规则团状图 8.25(b)、成对图 8.25(c)、四联体图 8.25(d)以及链状形式图 8.25(e)存在。

　　细菌可以有一根、两根或更多的鞭毛。鞭毛着生在细胞的一端图 8.27(a)或细胞的周身图 8.27(b),用于提供动力。

　　在活性污泥系统中,已发现的细菌通常呈分散状态,或以单个的、成对的形式或以絮凝的胶状形式存在,在某些条件下,又以二倍体、聚磷菌(poly-p bacteria)群、丝状生物的形式存在。活性污泥系统中细菌的相对丰度可以达到 100 万个/mL 溶液和十亿个/g 絮状颗粒。

　　在废水处理过程中,有无数不同种类的细菌起着积极或消极的作用(表 8.2)。在这些种类中,最重要的是除 cBOD 细菌、丝状细菌、絮凝成团的细菌、硝化细菌和聚磷细菌。

　　根据对氧气的不同反应,将细菌分为三类:好氧菌、兼性厌氧菌、厌氧菌。好氧菌只在氧气存在时具有活性,硝化细菌是严格的好氧菌,当它在活性污泥中数量较多时,在放大 1 000 倍的显微镜下,可以看到在絮状颗粒的边缘存在密集、圆形的群落。

　　兼性厌氧菌在有氧和无氧的条件下都具有活性,它们能够利用 NO_3^-,但更偏爱于 O_2。反硝化细菌是兼性厌氧菌,其中易于鉴别的是生丝细菌属,这一类细菌在柄上有一个特殊的豆状结构。厌氧菌在有氧条件下失去活性,例如,产甲烷菌在有氧存在时会死亡,此外还有其他厌氧菌,如硫酸盐还原菌,它能利用 SO_4^- 降解 cBOD,并产生 H_2S。

表 8.2　废水中细菌的重要种类

产丙酮菌	水解细菌
除 cBOD 细菌	产甲烷菌
大肠杆菌	硝化细菌
反硝化细菌	卡诺氏菌
大肠杆菌	病原菌
发酵(产酸)菌	聚磷菌
丝状细菌	腐生菌
絮凝形成的细菌	鞘细菌
滑行菌	螺旋菌
革兰氏阴性好氧球菌和杆菌	硫氧化细菌
革兰氏阴性兼性厌氧杆菌	硫还原细菌

8.3　样　品

　　废水样品的显微镜镜检不仅仅限于混合液,还有其他形式的水样可用于检测某些特殊成分,它们对于活性污泥法的过程控制和故障诊断具有重要意义(表 8.3)。每一种形式的水样都可用于检测某些相应的要素,如:(1)丝状生物的循环利用,(2)引起泡沫产生的因素(包括丝状生物和缺乏营养的絮状颗粒),(3)絮状颗粒的特征,(4)出水中微细固态物质的特征。非混合液的废水样品用于微观故障诊断的一个例子是:出水中半透明或透明的塑性树脂和纤维通过亚甲基蓝染色后在湿涂片上显现出来了(图 8.28),而纤维用于评价总悬浮固体量(total suspended solids,TSS)。另一个例子为:在总出水毒性检测(whole effluent toxicity,WET)中,可以观察到丝状生物蔓延并堵塞了黑头呆鱼的腮,在这里,丝状生物不是污染物,却是导致黑头呆鱼死亡及不能通过 WET 检验的原因。

　　废水样品在采集后可以立即检测,也可以冷藏(4 ℃,±1 ℃)在带有螺旋盖的塑料瓶中供以后检测,容器中气体所占的空间须比样品所占的体积大。大多数原生动物的活动都在小于 4 ℃下进行。

　　显微镜镜检所用的样品一般取 50 mL,冷藏的样品在镜检之前必须加热到室温。在镜检之前,样品可能会被冷藏好几天,但必须在采样之后的 48 h 内进行镜检。采样瓶需贴上标签并注明以下信息:

　　(1)污水处理厂的名称;

　　(2)处理池的名称或编号;

　　(3)样品的类型(进水、出水、循环物、碎屑、溢出物、泡沫、浮渣、混合液等等);

表 8.3　用于显微镜镜检的废水样品

好氧消化器中的上层清夜
污泥脱水操作得到的滤液
最终出水
泡沫
从预生物处理系统流出的工业污水
浮渣
混合液
二沉池出水
沉降试验,30 min(泡沫、浮选固体、上层清夜、沉积固体)
浓缩的溢流液

图 8.28　塑性纤维

出水中半透明或透明的微观塑性纤维经过亚甲基蓝染色后在显微镜下很容易被观察到。

　　(4)采样的日期和时间;

　　(5)采样者的姓名和电话号码。

　　在样品被带入实验室检测之前,采样瓶的外部必须在采样处彻底清洗干净。

　　混合液样品需取自曝气池出水,如果活性污泥系统是并联操作系统,必须在并联系统中分别取样进行镜检,以确定出系统是否超负荷或不平衡。如果曝气池中有泡沫出现,要确保收集的混合液不被泡沫污染,如果要检测泡沫,确保泡沫没有被混合液污染。

　　任何用于显微镜镜检的废水样品都不能被稀释。如果有沉淀发生,应先将废水样品搅拌至悬浮状态,再作为代表性试样用于检测。如果要进行原生动物的解析,应用移液管和吸移管使空气沿样品瓶的两侧和底部进入,使变形虫呈悬浮状态,这时的样品才能作为代表试样用于检测。

如果样品要运到某一实验室进行检测,确保用带有冰冻包装袋的冷柜将采样瓶包装好,然后在翌日邮递中运走冷柜。在取样和运送样品之前,先联系好实验室,确保样品已收集、贴好标签,并且能照实验室所要求的运送过去。这样,实验室才能在收到样品后尽快检测样品。

待检测的废水样品禁止添加化学防腐剂,也慎防呈凝固态。防腐剂和凝结对混合液的特征以及混合液中生物的结构和活动会产生不利影响。

混合液样品需要定期的采集和检测(如一周一次),从而准确地判断出良好稳态操作下混合液的重要组分。根据人力的可利用条件、工业排放的强度和组成、工业排放的变动、运行模式的变化,采样和检测的频率可以相应的发生变化,但是,在不利或混乱的状况下,采样的频率和样品的数量以及每份样品被检测的组分数目都需要增加,才能判断出混乱状况的导致因素,从而采取合适的补救措施(图8.29)。

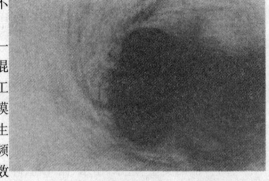

图8.29 寄生在黑头呆鱼上的021N型丝状生物

8.4 安全问题

由于废水样品中含有大量种类繁多的病原体,在与这些样品接触的工作中,为了阻止或减少受感染的风险,应当遵循以下几条实验室安全规定和指导方针:

(1)勿在实验室喝水、吃东西、吸烟或嚼口香糖。

(2)勿移动实验室内任何样品、湿涂片和涂片。

(3)在进行废水样品实验时,包括使用涂片和湿涂片,务必用合适且具有保护性的乳胶或塑胶手套。

(4)进行染色操作时,使用(衣)夹子固定住涂片(图8.30),操作须在水槽内进行。

(5)在完成显微镜镜检后,用肥皂、热水和消毒液彻底地将手清洗干净。

(6)在完成显微镜镜检后,用消毒液清理实验台。

(7)将用过的玻璃仪器放在指定位置清洗。

(8)将所有接触过废水样品的纸巾、手套扔进生物危害品袋中用于进一步处理,切勿扔进废纸篓。

(9)在工作区,只需一个用于记录显微镜观测结果的记录本,参考书应在远离工作区的地方放置或使用。

(10)禁止用嘴吸取废水样品和试剂。

(11)要立即擦干溢出液并进行消毒。

(12)将使用过的载玻片和盖玻片放入盛有季胺类消毒液的烧杯中,让载玻片和盖玻片浸在消毒液中自动清洗干净。消毒后,将载玻片和盖玻片放入垃圾袋内,并在垃圾填埋池进行处理。不要循环利用载玻片和盖玻片。

（13）如果盖玻片不慎跌落至试验台或地板上，两块索引卡就可以拾起盖玻片（图 8.31），若用大拇指和食指夹起盖玻片可能会使碎片嵌入并卡在皮肤里。

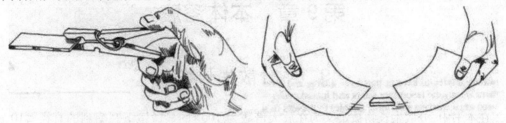

图 8.30　（衣）夹子　　　　　　　　　　　　　图 8.31　索引卡

一个衣夹子可以安全稳定地固定住用于染色的载玻片，避免手和手指沾上染色剂。

掉落的盖玻片通常很难拾起，但是，两张索引卡可以安全稳定地把它们从试验台或地上捡起来。

第 9 章 本体溶液

9.1 分散生长物

在本书中,分散生长物被定义为在放大倍数为 100× 的显微镜下观察到的直径 ≤10 μm 球形絮状颗粒。用相称显微镜观察混合液的湿涂片,如图 9.1 所示,或者用亮视野显微镜观察经亚甲基蓝染色后的混合液湿涂片,如图 9.2 所示,可以看到分散生长物的存在。分散生长物与许多操作条件相关联,见表 9.1。

图 9.1 相称显微镜下的分散生长物

图 9.2 亮视野显微镜下经过亚甲基蓝染色后的分散生长物

在本体溶液中,分散生长物的数量分为"少量"、"大量"或"过量"三个等级。分散生长物的评定包括:在放大倍数为 100× 时浏览一些视野,以及根据以下类别评估它的相对丰度。

"少量"指分散生长物数量少,"每个视野下少于 20 个",如图 9.3 所示。

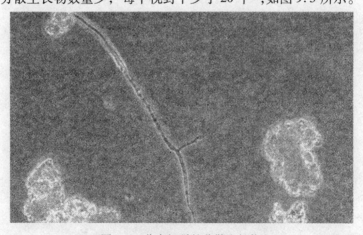

图 9.3 分布极稀的分散生长物

"大量"指分散生长物数量较多,"成十的分布在每个视野下"如,10,20,30…

"过量"指分散生长物数量极多,"成百的分布在每个视野下"如,100,200,300…

表 9.1　与易被观察到的分散生长物相关的操作条件

操作条件	描述或例子
细菌破裂剂	十二烷基硫酸盐
胶质絮状物	非降解性的和缓慢降解的胶体
高温	>32 ℃
起泡	起泡的丝状生物
MLVSS 质量含量增加	油脂类的积累
缺乏纤毛原生动物	<100 个/mL
溶解氧浓度低	连续 10 h<1 mg/L
pH 值偏低或 pH 值偏高	<6.5 或>8.5
营养缺乏	通常为氮和磷
盐度	过量的钾或钠
腐败性	ORP<−100 mV
剪切作用(湍流作用过强)	表面曝气
可溶性 cBOD 的缓慢释放	正常可溶性 cBOD 的 3 倍
表面活化剂	阴离子清洁剂
总溶解固体(TDS)	>5 000 mg/L
毒性	返活性污泥(RAS)氯化
黏性絮状物或菌胶团	絮凝形成的细菌的快速增殖
污泥龄较短	>3 dMCRT

图 9.4　分布较密的分散生长物

图 9.5　分布极密的分散生长物

9.2　微粒物

在活性污泥系统中,可以发现各种形状、大小和颜色的微粒物。微粒物包括可缓慢生物降解的或不可生物降解的惰性(无生命的)废物。可生物降解微粒物有植物纤维或纤维素,如图 9.6 所示。不可生物降解微粒物有塑料树脂和粒状活性炭,如图 9.7 和 9.8 所示。

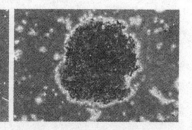

图 9.6　纤维微粒物　　　　　图 9.7　塑性树脂　　　　　图 9.8　絮状颗粒中的粒状活性炭

表 9.2　与本体溶液中易被观察到的微粒物存在有关的操作条件

操作条件	描述或例子
细菌破裂剂	十二烷基硫酸盐
胶质絮状物	非降解性的和缓慢降解的胶体
高温	>32 ℃
起泡	起泡的丝状微生物
MLVSS 质量含量增加	油脂类的积累
缺乏纤毛原生动物	<100 个/mL
溶解氧浓度低	连续 10 h<1 mg/L
低 pH 或高 pH	<6.5 或>8.5
营养缺乏	通常为氮和磷
盐度	过量的钾或钠
腐败性	ORP<−100 mV
剪切作用(湍流作用过强)	表面曝气
可溶性 cBOD 的缓慢释放	正常可溶性 cBOD 的 3 倍
表面活化剂	阴离子清洁剂
总溶解固体(TDS)	>5 000 mg/L
毒性	返活性污泥(RAS)氯化
黏性絮状物或菌胶团	絮凝形成的细菌的快速增殖
较短的污泥龄	>3 dMCRT

　　在一个运行良好的活性污泥系统中,大多数的微粒物存在于絮状颗粒中,或者从絮状颗粒的周边延伸到本体溶液中。微粒物通过与絮状颗粒间的兼容电荷作用,或者通过高等生命形式,特别是有纤毛的原生动物分泌物产生的外套被絮状颗粒吸收,这种分泌物附着在颗粒物和胶体的表面,使它们从溶液中移到絮状颗粒的的表面。发现于粪便、生活废水、屠宰场废水的蛋白质就是胶体的一个例子。

　　在一个不良的活性污泥系统中,溶液中微粒物的相对丰度可能有所增大,这种增大通常与中断絮状物形成的不利操作条件有关,见表9.2。中断絮状物的形成导致微粒物从絮状颗粒中释放以及微粒物不被絮状颗粒吸收。

微粒物的相对丰度可以可分为"小"和"大"。对于一个良好的活性污泥法系统来说,它的相对丰度小,而对于一个不良的活性污泥工艺来说则相对丰度大。

微粒物的评定包括:在放大倍数为 100× 时浏览一些视野,以及根据以下类别评估它的相对丰度。

"数量少"指每一个视野下很少或者没有微粒物,如图 9.9 所示。

"数量多"指每一个视野下有自由漂浮的微粒物,如图 9.10 所示。

在放大 100 倍亮视野显微镜或相称显微镜下,可以观察到混合液的湿涂片中的微粒物。用亮视野显微镜时,在涂片上滴加一滴亚甲基蓝可以观察得更清楚,如图 9.11 所示。

  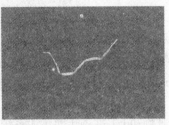

图 9.9　分布稀疏的微粒物　　　图 9.10　分布密集的微粒物　　　图 9.11　亚甲基蓝染色后的
　　　　　　　　　　　　　　　　　　　　　　　　　　　　　　　　　　　　　微粒物

9.3　螺旋菌

螺旋菌是一类革兰氏阴性菌,呈螺旋状,身体细而长,为 5 ~ 50 μm,如图 9.12 所示。它们极其活跃,呈螺旋状移动。

螺旋菌可分为好氧、绝对厌氧、厌氧三类。它们通常在废水或废水样品处于有氧和无氧间的过渡状态时繁殖。

该种菌类具有高度多样性。虽然有些螺旋体是致病的,如导致梅毒的病原体,但大多数都是自生生活于土壤中的。它们通过流入物和渗入物进入活性污泥工艺中。

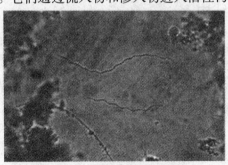

图 9.12　自由游动的螺旋形螺旋菌

第10章　絮状颗粒和泡沫

10.1　絮状颗粒

活性污泥法能够有效地处理废水,归因于成熟的絮状颗粒的生长和维持,如图10.1所示。絮状颗粒中含有细菌、细菌分泌物、油脂类物质、胶体以及降解性的和非降解性的微粒物。其中,细菌是它的主要组成部分,每克中含数十亿个,细菌不仅数量大,而且种类繁多,这使得活性污泥法能处理各种各样的废水。

絮凝物的形成随着"压力"和絮凝形成的细菌的老化过程而逐渐完成。这些细菌通过排泄物和I/I进入活性污泥系统中。随着污泥龄或MCRT的增长,絮凝形成的细菌能产生用于胶合的细胞成分,如图10.2所示,这些成分包括纤维、淀粉颗粒、黏多糖。

图10.1　成熟的絮状颗粒

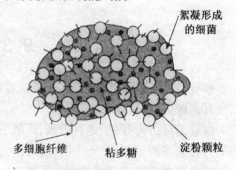

图10.2　絮凝物形成所必需的细胞成分

10.1.1　絮状物的结构

在活性污泥系统中,绝大多数的絮状颗粒的结构特性和特征影响处理效率和固体的稳定性、压实和脱水能力,这些特性和特征也反映了混合液的优劣状况。絮状颗粒的镜检能鉴定出不希望或希望的结构特性和特征。通常,这种检查能反映出絮凝物形成的操作条件。

絮状颗粒的几个重要结构特性和特征能通过镜检鉴定出,这些特性和特征包括(1)形状、(2)大小、(3)尺寸范围、(4)颜色、(5)强度、(6)丝状生物体、(7)储存的食物的相对数量和(8)菌胶团。

在良好的稳态条件下,成熟的絮状颗粒呈金棕色、不规则形状、中等大小(150~500 μm)或更大(>500 μm)。絮状颗粒中含有有限的丝状生物,本体溶液包含少量的分散生长物和微粒物。在絮状颗粒中还存在匍匐型纤毛虫和固着型纤毛虫。

10.1.2　絮状物的形状

活性污泥系统中的絮状颗粒一般为球形(图10.3)和不规则形状(图10.4),一种罕见的形状为椭球形,有时也称为凝结状(图10.5)。

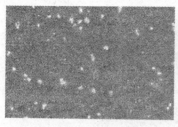

图 10.3　球形絮状颗粒　　　　图 10.4　不规则形状的絮状　　图 10.5　凝结状或椭球形的
　　　　　　　　　　　　　　　　　　　　颗粒　　　　　　　　　　　絮状颗粒

球形絮状颗粒中或者缺少丝状生物的生长,或者只有少量的丝状生物生长。在絮状颗粒的曝气、混合、转移过程中,由于缺少丝状生物而产生了剪切力。当有足够的丝状生物存在下,絮状细菌沿着丝状生物的伸长方向生长,从而导致体积增大,从球形变成不规则形状。

椭球形的絮状颗粒在以下两种条件下可以通过湿涂片观察到:(1)使用脏的或涂上油的载玻片与(2)存在和过量的重金属、混凝剂(金属盐)或聚合物。

10.1.3　絮状物的大小和颜色

絮状颗粒根据其大小(或尺寸、粒度)通常被分成三类。这三类包括:较小(<150 μm),中等尺寸(150~500 μm),较大(>500 μm)。小型的絮状颗粒具有很少或没有丝状生物生长,通常是球形的。由于没有足够的丝状生物生长,这些粒子不能克服活性污泥系统中的涡流或剪切作用。中等和较大的絮状颗粒通常有足够的丝状生物生长,呈现不规则的形状。

活性混合液常含有絮状颗粒中的所有种类,絮状颗粒的尺寸可以在几微米到几百或几千微米间变动,在这一范围内絮状颗粒尺寸的变动可能预示着废水强度和组成的重大变化。

絮状颗粒的自然色是由絮状颗粒的年龄或污泥龄决定的。幼龄细菌只能产生少量的油使颗粒变暗。因此,幼龄细菌形成淡颜色或白色的絮状颗粒。随着污泥龄的增长,絮状颗粒中的细菌变老,产生丰富的油积聚在絮状颗粒中,油的积累形成了金棕色,因此,正在生长的活性絮状颗粒中心是金棕色的,大多数的老细菌聚集于此,而它的边缘是白色的,大多数的幼龄细菌聚集于此,如图 10.6 所示。

10.1.4　絮状物的强度

强度或缺乏强度是絮状颗粒一个重要的性质。紧实、密集的絮状颗粒拥有紧紧连接的絮状细菌,这些粒子能够承受剪切作用,在二次沉淀池中很好地沉积或压实。

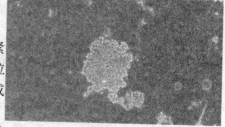

图 10.6　正在生长的活性絮状颗粒

疏松、上浮的絮状颗粒拥有松散地连接在一起的絮状细菌,这些粒子很容易被剪切掉,在二沉池中沉淀效果差。通常,絮状细菌被多细胞聚合物分散得较远,或松散地连接在一起,是由于不利的操作条件,如 pH 值不稳定或表面活化剂的存在引起的。

与脆弱、上浮的絮状颗粒形成相关的操作条件如下:

(1)细胞破裂剂;

(2)高温;

（3）MLVSS 百分比的增大；

（4）溶解氧浓度低；

（5）pH 过高或 pH 过低；

（6）盐度；

（7）腐败性；

（8）剪切作用；

（9）可溶性 cBOD 的缓慢释放；

（10）表面活化剂；

（11）总溶解固体量；

（12）黏性絮状物和菌胶团；

（13）短的污泥龄。

准备一个蘸有亚甲基蓝的混合液的湿涂片，在显微镜下就可以观察到絮状颗粒的强度了。在亚甲基蓝作用下，絮状细菌被染成深蓝色，如图 10.7 所示，而多细胞聚合物被染成淡蓝色，絮状颗粒中的空隙和絮状颗粒周围的本体溶液都被染成相同程度的蓝色，如图 10.8 所示。

图 10.7　在甲基蓝作用下，观察到的紧实絮状　　　图 10.8　在亚甲基蓝作用下，观察到的疏松
　　　　　颗粒　　　　　　　　　　　　　　　　　　　　　絮状颗粒

10.1.5　丝状生物和絮状颗粒的结构

丝状生物和絮状颗粒有两种不利的增长方式。这两种方式是絮体间的架桥和形成开放结构的长絮体。絮体间的架桥是指在本体溶液中，丝状生物从絮状颗粒上延伸出来，将两个或多个絮状颗粒联结起来，形成絮体网，如图 10.9 所示。开放结构的长絮体是由许多小群的絮状细菌沿着丝状生物伸长的方向分散开来而形成的，见图 10.10。重要的絮体间的架桥和开放结构的长絮体的形成会对二次沉池中固体的沉降性能产生不利影响。

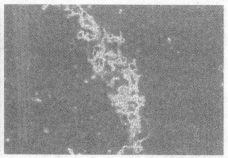

图 10.9 絮体间的架桥   图 10.10 开放结构的长絮体

10.1.6 储存食物的相对含量

在营养缺乏(通常指的是氮和磷)的情况下,絮状细菌不能正常降解可溶性 cBOD,那些未被细菌吸收的可溶性 cBOD 转化成不溶性的淀粉,并储存在细菌间的絮状颗粒内。当营养物质能被细菌利用时,淀粉被溶解,被细菌吸收,再降解掉。当混合液出水经过过滤后,其中铵态氮(NH_4^+–N)<1 mg/L,或者硝态氮(NO_3^-–N)<3 mg/L,且不含铵态氮时,意味着缺氮;当其中 HPO_4^{2-} 与 $H_2PO_4^-$ 的比值或活性磷的含量<0.5 mg 时,意味着缺磷。

絮状颗粒缺氮能引起沉降和脱水问题,絮状颗粒还能产生浪花状的白沫(污泥龄短)和含油的灰沫(污泥龄长)。

絮状颗粒中储存食物的相对含量可以通过油墨反染色观察到。经过油墨反染色后,储存食物的区域看起来是白色的,而细菌细胞呈黑色或金棕色。第一种情况,大多数絮状颗粒都含有食物,见图 10.11,但这些颗粒对染色起阴性反应,絮状颗粒的大部分区域都是黑色或金棕色;第二种情况,絮状颗粒储存的食物相对含量较大,对染色起阳性反应,见图 10.12,絮状颗粒的大部分区域都是白色的。

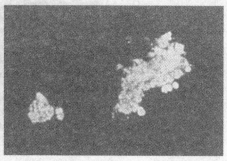

图 10.11 絮状颗粒对墨汁反染色起阴性   图 10.12 絮状颗粒对墨汁反染色起阳性
反应   反应

10.1.7 菌胶团

操作条件如腐败或曝气池的逆流发酵、营养物质缺乏、水力停留时间(HRT)较长、pH 值较低、F/M 比值高都可能引发菌胶团的生长,菌胶团为不定形或树枝状,如图 10.13 和 10.14 所示。

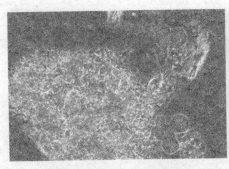

图 10.13 不定形或球状的菌胶团(右上   图 10.14 树枝状或指状的菌胶团
         方或右下方)

菌胶团或黏性絮状物是絮凝形成的细菌如胶团杆菌(Zoogloea ramigera)迅速大量增长的产物,同时导致疏松、上浮的絮状颗粒的产生,并产生了浪花状的白沫。大多数菌胶团微生物是严格好氧的,可以通过间歇缺氧控制。

10.2 四联体

大多数四联体(tetrad-forming organisms(TFO))属于蓝细菌(蓝绿藻),呈球形、体积较大、四个一组成群生长,见图 10.15。只要供应足够的磷,四联体可以在大多数环境下生长。四联体大量存在于活性污泥工艺中,实现生物除磷。

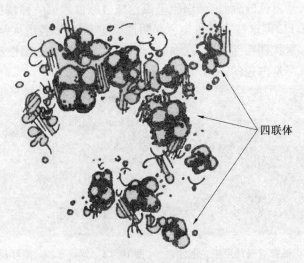

四联体

图 10.15 四联体

四联体包含四个球形的蓝细菌,在絮状颗粒的表面常常可以见到它,呈革兰氏阴性。

四联体除了能降解简单的有机化合物外,还能利用 CO_2 作为碳源,当废水中氮不足时,又能固定氮分子作为氮源。由于四联体能够固定氮分子,当废水处理系统缺氮时,它们能够大量繁殖。

四联体形状和外观变化很大。除了四联体外,蓝细菌还有单细胞的、群居的以及丝状生物。丝状蓝细菌可以滑移运动,看起来像酵母和藻类,呈革兰氏阴性和奈瑟阳性。

四联体通过二分裂、牙生、多重分裂进行繁殖。生物快速增殖的典型原因是缺氮,非典型原因是 BOD 负荷过高。四联体很难沉降,因此,四联体的增殖导致固体沉降性能差,最终出水中总悬浮固体(TSS)含量高。

造纸厂的污水池中四联体的数量要比市政活性污泥工艺中多,这是由于这些污水池经常缺氮,且水温较高,嗜热蓝细菌属最高可以生长在 75℃ 的环境下。在进水中增加可溶性的氮含量和降低 BOD 负荷可以控制四联体的数量。

10.3 菌胶团

菌胶团或黏性絮状物是絮凝形成的细菌快速大量增殖的产物。"菌胶团"是以第一种絮凝形成的细菌胶团杆菌(Zoogloea ramigera)命名的,胶团杆菌生活在不稳定的活性污泥系统中,呈杆状(0.5~1.0μm×(1.0~3.0)μm),革兰氏阴性,有机营养,能够产生大量胶状胞外多糖。多糖比废水密度小,阻碍了絮状细菌的压实,使空气和气泡进入细菌内。

絮凝形成的细菌在活性污泥系统中有两个重要的作用——促进絮凝物形成和降解 cBOD,但它们的快速增殖会导致疏松、上浮的絮状颗粒的产生,以及沉降问题,二沉池中固体物质的流失,白沫的产生。

絮凝形成的细菌的重要种类如下:

(1)无色杆菌;

(2)气杆菌;

(3)产碱杆菌;

(4)分节菌;

(5)芽孢杆菌;

(6)柠檬酸杆菌;

(7)埃希氏菌;

(8)黄杆菌;

(9)假单胞菌;

(10)菌胶团。

菌胶团有两种形态,不定形或球状,见图 10.16 和树枝状或指状,见图 10.17,菌胶团看起来又像墙上白色或灰白的黏膜或二沉池中的堰。活性污泥系统的固定工序中存在生物膜,菌胶团可以在生物膜上存活。

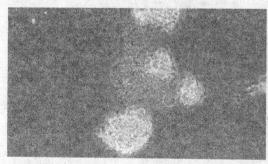 

图 10.16 不定形或球状菌胶团　　　图 10.17 树枝状或指状的菌胶团

与菌胶团相关的操作条件包括营养物质的缺乏、HRT 较长、pH 值低、MCRT 较长、F/M

较高。选择系统中的挥发性脂肪酸和腐败性废水也能触发菌胶团的大量繁殖生长。投加适当的聚合物或周期性地将菌胶团暴露在缺氧的环境下 1~2 h,可以控制菌胶团的增长。由于大量胶状胞外多糖的产生,阴离子聚合物能更好的俘获和增厚菌胶团。

10.4　泡　　沫

泡沫就是陷在固体层间的空气或气泡,如图 10.18 所示。生物泡沫产生于曝气池中,常常流到二沉池中或其他废水处理池中。当泡沫从一个池中移到另一池中或跨越出水堰掉落时,陷在固体层间的空气或气泡会逃逸掉,泡沫从而崩塌,崩塌后的泡沫常被称为浮渣,如图10.19 所示。

图 10.18　泡沫　　　　　　　　　　　图 10.19　崩塌后的泡沫或浮渣

在活性污泥工艺中有六种生物条件能产生泡沫,见表 10.1。泡沫可以用明确的质感和颜色来描述,如丝状生物产生的泡沫是黏性的,且呈巧克力棕褐色。产泡沫的生物条件如下:(1)起泡沫的丝状生物大量生长,(2)污泥老化时缺乏营养,(3)污泥龄较短时缺乏营养,(4)菌胶团的大量生长,(5)可溶性 cBOD 的缓慢释放,(6)二级固体的不稳定浪费率。根据对曝气池和其他废水处理池的密切观察,可以判断出与产泡沫有关的某一操作条件是否出现,混合液或染色的泡沫的涂片以及湿涂片能够鉴定出这些操作条件,见表 10.2。

表 10.1　不同操作条件形成的泡沫

操作条件	泡沫
产泡沫的丝状生物	黏性、巧克力棕黑色
营养短缺、较长的污泥龄	油腻、灰色
营养短缺、较短的污泥龄	浪花状、白色
菌胶团	狼花状、白色
可溶性 cBOD 的缓慢释放	浪花状、白色
二级固体不稳定浪费率	浅棕色和深棕色的同心圆

表 10.2　与生物起泡有关的微观观察

泡沫	涂片类型	染色剂	依据
起泡的丝状菌	混合液涂片	革兰氏	微丝菌、诺卡氏菌、1863 型菌的大量生长
	泡沫涂片	革兰氏	微丝菌、诺卡氏菌、1863 型菌的大量生长
营养缺乏	混合液的湿涂片	墨汁	对墨汁反染色起阳性反应
菌胶团	混合液的湿涂片	亚甲基蓝	有不定形或树枝状的菌胶团存在
可溶性 cBOD 的缓慢释放	混合液涂片	鞘	核心坚硬、周边脆弱的絮状颗粒大量存在

10.4.1　起泡沫的丝状菌

已知有三种起泡沫的丝状菌,它们是:微丝菌(图 10.20),诺卡氏菌(图 10.21),和 1863 型菌(图 10.22)。微丝菌和诺卡氏菌对起泡贡献最大,并且很容易通过混合液涂片和泡沫涂片的镜检鉴别出来。这些典型的丝状菌在泡沫中的丰度比混合液中大。尽管无数的丝状菌存在于任意的泡沫中,这并不意味着泡沫就是起泡沫的丝状菌大量生长产生的,应当确认出泡沫中是否有起泡沫的菌体存在。

 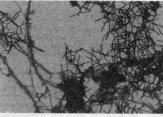 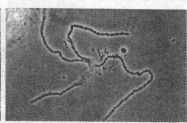

图 10.20　微丝菌　　　　　　图 10.21　诺卡氏菌　　　　　　图 10.22　1863 型菌

泡沫如诺卡氏菌泡沫是陷在固体层间的空气或气泡,诺卡氏菌泡沫的固体层间包含由絮状颗粒中的诺卡氏菌释放的油脂。

当被困的空气和气泡自固体层间逃逸出后,固体物崩塌,崩塌后的泡沫称为浮渣。

微丝菌是革兰氏阳性丝状菌,在显微照片中是黑色的,由这种生物引起的泡沫是黏性的、呈巧克力棕黑色。在亮视野显微镜下,革兰氏阳性菌看起来像一串蓝色的"宝珠"。

诺卡氏菌是革兰氏阳性菌,产生油腻的巧克力棕黑泡沫。

1863 型菌是革兰氏阴性的起泡丝状菌。在丝状生物中的细菌细胞呈一节一节的杆状,就像"香肠串"。

10.4.2　菌胶团

将混合液的湿涂片进行墨汁反染色,检测絮状颗粒的反应,如果呈阳性,则意味着缺乏营养。这种染色法能够显示出絮状颗粒中储存食物的相对含量,如果储存的食物量少,测试结果为阴性,营养缺乏的可能性小;如果储存的食物量多,测试结果为阳性,则营养缺乏的可能性大。

当营养供应不足时,絮状细菌将大量的基质作为不溶性多糖(胞外聚合物)储存于体内,多糖夺取空气和气泡,产生了更多的泡沫,也阻挡了墨汁中炭黑粒子向絮状颗粒中的移动,絮状颗粒中多糖越多,未染上色或白色区域面积越大。

营养不足的泡沫在较短的污泥龄下呈浪花状、白色,或在较长时间油于絮状颗粒中,这些油使絮状颗粒呈金棕色,并最终转化成泡沫,也加深了泡沫的颜色,泡沫呈油腻的灰色。污泥龄较短时,很少有油产生积累在絮状颗粒中,因此,絮状颗粒为白色,由于油很少转化成泡沫,泡沫呈浪花状、白色,如图 10.23 所示。

幼小絮凝形成的细菌如胶团杆菌导致大量胶状物质的产生,这种物质使细胞间分隔开一段距离,在革兰氏染色下,

图 10.23　菌胶团

胶状物质就是细胞间的白色区域。菌胶团导致脆弱上浮的絮状颗粒的产生,当空气或气泡被胶状物质夺取时,浪花状的白沫就形成了。

菌胶团或黏性絮状物是絮凝形成的细菌突然快速增殖的结果,这种增殖导致一种胞外胶状物质的大量产生和积累,夺取空气和气泡位置。

只有检测到有大量不定形和树枝状的菌胶团在增殖,才能确定浪花状的白沫是否由菌胶团所产生,这一点可以通过混合液的湿涂片观察到。为了更容易观察到菌胶团,可加一滴亚甲基蓝于涂片上,革兰氏染色的混合液涂片能够显示出细菌细胞间胶状物质的相对含量。

10.4.3　可溶性 cBOD 的缓慢释放

当为正常量 2 ~ 3 倍的可溶性 cBOD 进入活性污泥系统中时,在连续进入超过 3 ~ 4 h 后,可溶性 cBOD 就会缓慢释放出来。这种缓慢释放引起絮状细菌的快速增长,新生的细菌又产生大量的多糖,多糖夺取空气和气泡,使曝气池中产生浪花状的白沫。

如果用蕃红染色法检测到有许多中心坚硬、周边脆弱的絮状颗粒存在于混合液中时,意味着可溶性 cBOD 已缓慢释放。絮状颗粒中心的老细菌在显微镜下是深红色的,这是由于它们紧压在一起,且在它们之间有少量的多糖存在。但是,在絮状颗粒周边快速增长的新生细菌是淡红色的,这是由于它们排列疏松,且在它们之间有大量多糖存在,多糖将它们分隔开一段距离。

不稳定的浪费率常常促使幼小和老细菌的生长"口袋"的形成,产生不同的泡沫,如图 10.24 所示。停止曝气和混合使淡色泡沫(幼小的细菌)和深色泡沫(老细菌)形成了一个个同心圆。

二级固体的不稳定浪费率促使幼小和老细菌的生长"口袋"的形成,小细菌的口袋产生淡棕色的泡沫,而老细菌的口袋产生深棕色的泡沫。当停止曝气和混合,曝气池中出现不同颜色的泡沫圈。

图 10.24　幼小和老细菌的生长所形成的"口袋"

第 11 章　活性污泥丝状生物体观察图解

丝状生物体(图 11.1)或毛状体（成排的细菌细胞紧紧连在一起）通过以下三种途径进入活性污泥系统中：(1)以固态或水生生物形式通过流入物和渗入物进入，(2)随着排水系统中生物膜脱落进入，(3)通过预生物处理过的工业废水带入。尽管丝状藻类和丝状真菌存在于活性污泥系统中，但大多数的丝状生物体都是细菌。在活性污泥系统中已发现约 30 种丝状生物体，但只有 10 种与丝状体膨胀有关。

丝状生物体在活性污泥处理过程中起着积极和消极两方面的作用。积极作用包括降解 cBOD 和形成稳定的絮凝物。丝状生物体的链状结构使絮状颗粒能更好的承受搅动和剪切作用，从而凝聚变大。然而，当丝状生物体的数量过多时，会降低二沉池中污泥的沉降性能以及导致固体物质的流失。此外，一些丝状生物体还会引起泡沫的产生。两种主要的起泡丝状菌为微丝菌和诺卡氏菌。

图 11.1　相对丰度等级为"s"的丝状生物体

MCRT 较长、F/M 较低和 pH 值过高或过低都能促使丝状生物体快速繁殖增长（表 11.1），因此，如果鉴定出浮游球衣菌或 0041 型菌大量存在，就可以推断出相应的不利操作条件，活性污泥处理过程得以监控，从而纠正这些不利的操作条件，控制丝状生物体的大量生长。

表 11.1　与丝状生物体大量生长有关的操作条件

操作条件	丝状生物
MCRT 过长(>10 天)	0041,0092,0581,0675,0803,0961 型菌,微丝菌,诺卡氏菌
油脂类	0092 型菌,微丝菌
pH 值过高(>7.4)	微丝菌
溶解氧浓度低和 MCRT 过长	微丝菌
低溶解氧浓度低和 MCRT 过短或适中	1701 型菌,软发菌,浮游球衣菌
F/M 较低(<0.05)	021N 型菌,0041 型菌,0092 型菌,0581 型菌,0675 型菌,0803 型菌,0961 型菌,软发菌,微丝菌,诺卡氏菌
氮或磷含量少	021N 型菌,0041 型菌,0675 型菌,1701 型菌,软发菌,真菌,诺氏卡菌,浮游球衣菌,发硫菌属某些种
pH 值较低(<6.8)	真菌,诺卡氏菌
有机酸	021N 型菌,贝氏硫细菌属某些种,发硫菌属某些种
易降解基质(酒精、含硫氨基酸、葡萄糖、易挥发的油脂酸)	021N 型菌,1851 型菌,软发菌,诺卡氏菌,浮游球衣菌,发硫菌属某些种
腐败性物质/硫化物	021N,0041,贝氏硫细菌属某些种,发硫菌属某些种
难降解物质菌	021N 型菌,0041 型菌,0675 型菌,微丝菌,诺卡氏菌
高温废水	1701 型菌,浮游球衣菌
冬季增殖	微丝菌

丝状生物体的命名或编号基于以下三点：(1)形态或结构特征，(2)对特殊染色剂的反

应,(3)对硫氧化试验或"S"试验的反应。

11.1　丝状生物体的形态特征

用于鉴定丝状生物体的特殊结构特征包括以下几个方面:

(1)菌丝(图11.2)。

(2)假或真的分枝结构(图11.3和11.4)。

 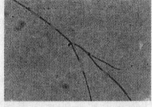 

图11.2　在0041型菌表　　　图11.3　假的分枝结构　　　图11.4　真的分枝结构
面的菌丝

(3)细胞的形态(图11.5和11.8)。

(4)细胞的大小。

(5)颜色,透明的或深色的。

(6)压缩物(图11.6)。

(7)横隔(图11.5)。

(8)丝状生物体的分布。

(9)丝状生物体的形态(图11.7)。

图11.5　细胞形态　　　　　图11.6　压缩物　　　　　图11.7　丝状生物体的形态

(10)丝状生物体的大小。

(11)能动性。

(12)鞘(图11.2)。

(13)硫颗粒,球形或方形(图11.9)。

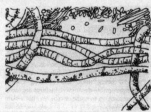

图11.8　细胞形态　　　　　图11.9　硫颗粒

浮游球衣的分枝间有"间隙"或者说无细胞物质,且分枝结构被一个透明的鞘包围。

丝状真菌的分枝间存在连续的细胞物质,没有间隔,且不被鞘包围。

丝状生物形态多样,常见的有杆状、矩形、方形、桶形、圆盘状。Nostocoida limicola 的细胞呈圆盘状,它的横隔清晰可见。横隔为两个细胞连接处的深黑线。

1701 型菌的杆状细胞的末端像香肠串一样压缩在一起。

丝状生物体最常见的形态为卷曲状、盘绕成的团状或直线形。如软发菌像针一样呈直线形。

一些丝状生物体,如 021N 型菌的形态有多种,包括桶形和矩形。

在卷曲的贝氏硫细菌上可以看到高折射率的硫颗粒(白点)。

11.2　对特殊染色剂的反应

根据丝状生物体对特殊微生物染色剂或染色技术呈阴性或阳性反应,可以鉴定出丝状生物体,主要的染色法如下:

(1)革兰氏染色法。

(2)奈瑟染色法。

(3)PHB 染色法。

(4)鞘染色法。

11.3　对"S"测试的反应

硫氧化试验在混合液样品中进行,用于判断丝状生物体是否有氧化硫的能力,且能将硫颗粒储存到体内细胞质中。

通常,会有两个或更多的丝状生物大量增殖,引起沉降性问题和固体物质的流失。若一种丝状生物的相对丰度达到(在 0~6 的范围中)"4"、"5"、或"6",就意味着数量过多("0"表示"没有","6"表示"过量"),见表 11.2。因此,为了确保准确记录每一种丝状生物的描述性特征,鉴定出生物的名称或型号,需要用到如图 11.3 的工作表。工作表中必须包括以下项目:形态特征、染色反应和"S"测试反应。

表 11.2　丝状生物的相对丰富度

相对丰度	术语	描述
0	"无"	不存在丝状生物
1	"少量"	存在丝状生物,但仅在极少数的视野中能看到其偶尔分布在絮状颗粒上。
2	"一些"	丝状生物仅在一些絮状颗粒上有分布
3	"普遍"	丝状生物在大多数絮状颗粒中浓度较低(每个颗粒中 1~5 个丝状生物体)
4	"很普遍"	丝状生物在大多数絮状颗粒中浓度中等(每个颗粒中 6~20 个丝状生物体)
5	"大量"	丝状生物在大多数絮状颗粒中浓度很高(每个颗粒中>20 个丝状生物体)
6	"过量"	丝状生物存在于大多数絮状颗粒中;数量多于絮状颗粒,或者在本体溶液中丝状生物大量繁殖

11.4　检索表

根据工作表 11.3 中所列出的形态特征、染色反应和""S""测试反应等项目,制作出了一个能快速鉴别丝状生物的检索表(表 11.3)。

表 11.3　丝状生物体的索引表

(贝氏硫细菌属某些种、软发菌、微丝菌、诺卡氏菌、Nostocoida limicola、浮游球衣菌、发硫菌、0041 型菌、0092 型菌、0581 型菌、0675 型菌、0803 型菌、0961 型菌、1701 型菌、1851 型菌、021N 型菌)

(1)丝状生物体能运动……2

丝状生物体不能运动……3

(2)丝状生物体是卷曲的……贝氏硫氏菌属某些种

丝状生物体呈直线形……屈挠杆菌属

(3)丝状生物体有分枝结构……4

丝状生物体无分枝结构……5

(4)丝状生物体有真的分枝结构且呈革兰氏阳性……浮游球衣细菌

丝状生物体有真的分枝结构且呈革兰氏阴性……诺卡氏菌

(5)丝状生物体呈奈瑟阳性……6

丝状生物体是奈瑟染色阴性……7

(6)丝状生物体呈革兰氏阴性……0092 型菌

丝状生物体呈革兰氏阳性,且无鞘结构……No"S"tocoida limicola

丝状生物体革呈革兰氏阳性,且有鞘结构或菌丝……1851 型菌

(7)丝状生物体对""S""测试呈阳性反应……8

丝状生物体对""S""测试呈阴性反应……9

(8)丝状生物体的底部比其他部分厚……021N 型菌

丝状生物体的整个身体厚度均一……发硫菌属某些种

(9)丝状生物体有鞘结构……10

丝状生物体无鞘结构……11

(10)丝状生物体内含 PHB 颗粒且呈革兰氏阴性……1701 型菌

丝状生物体内不含 PHB 颗粒且呈革兰氏阳性……软发菌

丝状生物体的厚度>1.2 μm……0041 型菌

丝状生物体的厚度<1.2 μm……0675 型菌

(11)丝状生物体呈奈瑟阴性,内含阳性颗粒……微丝菌

丝状生物体呈奈瑟阴性,内不含阳性颗粒 ……12

(12)丝状生物体内含 PHB 颗粒 ……0914 型菌

丝状生物体体内无 PHB 颗粒 ……13

(13)丝状生物体是透明的……0961 型菌

丝状生物体是不透明的……14

(14)丝状生物体主要存在于絮状颗粒中……0581 型菌

丝状生物体伸展开来或自由漂浮……15

(15)丝状生物体呈直线型……0803 型菌

丝状生物体为弯曲或不规则形态……0411 型菌

工作表 11.3 丝状生物鉴定表

特征/反应	待鉴定的丝状生物		
	未知#1	未知#2	未知#3
形态			
菌丝			
分枝(是/否,假/真)			
细胞形态			
细胞大小/μm			
颜色(透明或深黑)			
收缩结构			
横隔			
丝状生物的分布			
丝状生物的形态			
丝状生物的宽度/μm			
丝状生物的体长/μm			
能动性			
鞘			
硫颗粒("S"测试前)			
染色反应			
革兰氏染色(+/−)			
奈瑟(+/−)			
PHB(+/−)			
鞘染色(+/−)			
"S"测试反应			
"S"测试(+/−)			

11.5　丝状生物体的特征、增长因素和控制措施

贝氏硫细菌			
菌丝	无	革兰氏染色	阴性
分枝	无	奈瑟染色	阴性
分布	自由漂浮	PHB 染色	阳性
能动性	积极	"S"测试	阳性
形态	螺旋形	长度/μm	100~500
鞘	无	宽度/μm	1~3
增长因素	有机酸,硫化物,腐败性物质		
控制措施	投加氧化剂(氯,过氧化氢)		

软发菌			
菌丝	无/有	革兰氏染色	阴性
分枝	无	奈瑟染色	阴性
分布	伸展、自由漂浮	PHB 染色	阴性
能动性	消极	"S"测试	阴性
形态	直线型	长度,μm	20 ~ 100
鞘	有	宽度,μm	0.5
增长的因素	溶解氧浓度低,F/M 低,氮和磷含量少,易降解基质多		
控制措施	投加氧化剂(氯,过氧化氢),增加 SRT,需氧、缺氧、厌氧间歇进行		

微丝菌			
菌丝	无	革兰氏染色	阳性
分枝	无	奈瑟染色	阴性
分布	絮状颗粒内部	PHB 染色	阳性
能动性	消极	"S"测试	阳性
形态	螺旋形	长度/μm	100 ~ 400
鞘	无	宽度/μm	0.8
增长的因素	MCRT 较长,存在油脂类,pH 值过高,溶解氧浓度低,F/M 低,易降解基质多,冬季增殖		
控制措施	投加氧化剂(氯,过氧化氢),曝气池中曝气均匀		

诺卡氏菌			
菌丝	无	革兰氏染色	阳性
分枝	有	奈瑟染色	阴性
分布	絮状颗粒内部	PHB 染色	阳性
能动性	消极	"S"测试	阴性
形态	不规则	长度/μm	10 ~ 20
鞘	无	宽度/μm	1
增长的因素	存在油脂类、F/M 低,pH 值低,易降解物质和缓慢降解物质多		
控制措施	投加氧化剂(氯,过氧化氢)、厌氧的选择器		

Nostocoida limicola			
菌丝	无	革兰氏染色	阳性
分枝	无	奈瑟染色	阳性
分布	絮状颗粒内部或伸展出来	PHB 染色	阳性/阴性
能动性	消极	"S"测试	阴性
形态	卷曲	长度/μm	100 ~ 300
鞘	无	宽度/μm	1.2 ~ 1.4
增长的因素	易降解物质多,存在酸性物质和硫化物		
控制措施	投加氧化剂(氯,过氧化氢),需氧、缺氧、厌氧间歇进行		

浮游球衣菌			
菌丝	无	革兰氏染色	阴性
分枝	有	奈瑟染色	阴性
分布	从絮状颗粒表面伸展开来	PHB 染色	阳性
能动性	消极	"S"测试	阴性
形态	弯曲或直线型	长度/μm	>500
鞘	有	宽度/μm	1.0 ~ 1.4
增长的因素	溶解氧浓度低,氮和磷含量少,废水温度高		
控制措施	投加氧化剂(氯,过氧化氢),增加 SRT,需氧、缺氧、厌氧间歇进行		

发硫菌			
菌丝	无	革兰氏染色	阴性
分枝	有	奈瑟染色	阴性
分布	从絮状颗粒表面伸展开来	PHB 染色	阳性
能动性	消极	"S"测试	阳性
形态	弯曲或直线型	长度/μm	50 ~ 200
鞘	有	宽度/μm	0.8 ~ 1.4
增长的因素	氮和磷含量少,易降解物质多,存在酸性物质、硫化物		
控制措施	投加氧化剂(氯,过氧化氢),需氧、缺氧、厌氧间歇进行		

0041 型菌

菌丝	有	革兰氏染色	阳性
分枝	无	奈瑟染色	阴性
分布	絮状颗粒内部或伸展出来	PHB 染色	阴性
能动性	消极	"S"测试	阴性
形态	直线型	长度/μm	100~500
鞘	有	宽度/μm	1.4~1.6
增长的因素	MCRT 较长,F/M 较低,氮和磷含量少,缓慢降解物质多,存在酸性物质、硫化物		
控制措施	投加氧化剂(氯,过氧化氢),确保曝气池中曝气均匀		

0092 菌

菌丝	无	革兰氏染色	阴性
分枝	无	奈瑟染色	阳性
分布	絮状颗粒内部	PHB 染色	阴性
能动性	消极	"S"测试	阴性
形态	弯曲或直线型	长度/μm	20~60
鞘	无	宽度/μm	0.8~1
增长的因素	MCRT 较长,油脂类多,F/M 低,氮和磷含量少,缓慢降解基质多		
控制措施	投加氧化剂(氯,过氧化氢),确保曝气池中曝气均匀		

0581 型菌

菌丝	无	革兰氏染色	阴性
分枝	无	奈瑟染色	阴性
分布	絮状颗粒内部	PHB 染色	阴性
能动性	消极	"S"测试	阴性
形态	螺旋形	长度/μm	100~200
鞘	无	宽度/μm	0.5~0.8
增长的因素	MCRT 较长,F/M 低		
控制措施	投加氧化剂(氯,过氧化氢)		

0675 型菌

菌丝	有	革兰氏染色	阳性
分枝	无	奈瑟染色	阴性
分布	絮状颗粒内部	PHB 染色	阴性
能动性	消极	"S"测试	阴性
形态	直线型	长度/μm	50 ~ 150
鞘	有	宽度/μm	0.8 ~ 1
增长的因素	MCRT 较长,F/M 低,氮和磷含量少,缓慢降解基质多		
控制措施	投加氧化剂(氯,过氧化氢),确保曝气池中曝气均匀		

0803 型菌

菌丝	无	革兰氏染色	阴性
分枝	无	奈瑟染色	阴性
分布	从絮状颗粒表面伸展出来	PHB 染色	阴性
能动性	消极	"S"测试	阴性
形态	直线型	长度/μm	50 ~ 150
鞘	无	宽度/μm	0.8
增长的因素	MCRT 过长,F/M 低		
控制措施	投加氧化剂(氯,过氧化氢)		

0961 型菌

菌丝	无	革兰氏染色	阴性
分枝	无	奈瑟染色	阴性
分布	从絮状颗粒表面伸展出来	PHB 染色	阴性
能动性	消极	"S"测试	阴性
形态	直线型	长度/μm	40 ~ 80
鞘	无	宽度/μm	0.8 ~ 1.2
增长的因素	MCRT 过长		
控制措施	投加氧化剂(氯,过氧化氢)		

1701 型菌

菌丝	无	革兰氏染色	阴性
分枝	无	奈瑟染色	阴性
分布	絮状颗粒内部或伸展出来	PHB 染色	阳性
能动性	消极	"S"测试	阴性
形态	弯曲或直线型	长度/μm	20 ~ 80
鞘	有	宽度/μm	0.6 ~ 0.8
增长的因素	溶解氧浓度低,氮和磷含量少,废水温度高		
控制措施	投加氧化剂(氯,过氧化氢),增加 SRT,需氧、缺氧、厌氧间歇进行		

1851 型菌

菌丝	有、无	革兰氏染色	阳性
分枝	无	奈瑟染色	阴性
分布	从絮状颗粒表面伸展出来	PHB 染色	阴性
能动性	消极	"S"测试	阴性
形态	弯曲或直线型直线形	长度/μm	100 ~ 300
鞘	有	宽度/μm	0.8
增长的因素	易降解基质多		
控制措施	投加氧化剂(氯,过氧化氢)		

021N 型菌

菌丝	无	革兰氏染色	阴性
分枝	无	奈瑟染色	阴性
分布	从絮状颗粒表面伸展出来	PHB 染色	阳性
能动性	消极	"S"测试	阳性
形态	弯曲或直线型	长度/μm	50 ~ >500
鞘	无	宽度/μm	1 ~ 2
增长的因素	F/M 低,有机酸、易降解基质多,存在腐蚀性物质、硫化物		
控制措施	投加氧化剂(氯,过氧化氢),需氧、缺氧、厌氧间歇进行		

第12章　活性污泥动物观察图解

12.1　原生动物

原生动物为单细胞生物体(图12.1),但有一些原生动物为聚居群体(图12.2)。大多数原生动物体长 5～250 μm,为腐生营养,也有一些为植物性营养。

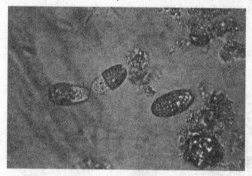 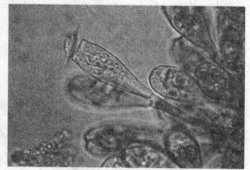

图12.1　独居的原生动物　　　　　　图12.2　聚居的原生动物

榴弹虫是一种有壳的自由游泳型纤毛虫。盖虫是一种聚居的原生动物。

12.1.1　原生动物类群

在活性污泥系统中常见的原生动物有六类,从低等生命形式到高等生命形式。变形虫(图12.3)是一类最简单的生物,细胞质在纤薄的细胞膜内流动为生物体提供了动力。变形虫分为两类:裸露变形虫和有壳变形虫。有壳变形虫体表被保护性的壳包裹。变形虫在在本体溶液中缓慢运动或在水流中"漂移"。鞭毛虫(图12.4)体型小、呈椭圆形,依靠鞭毛的鞭打作用呈螺旋形运动。

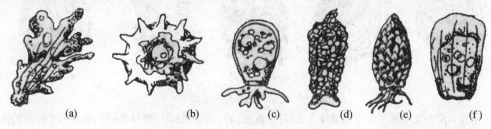

(a)　　　　　(b)　　　　　(c)　　　　　(d)　　　　　(e)　　　　　(f)

图12.3　变形虫

注:活性污泥系统中常见的变形虫包括:大变形虫(a),表壳虫(b),隐砂壳虫(c),砂壳虫(d),磷壳虫(e),有壳变形虫(f)。

自由游泳型纤毛虫(图12.5)在整个细胞的表面分布有成排的短发结构或纤毛。纤毛一致地摆动为生物体提供了动力,使其在本体溶液中呈直线运动。匍匐型纤毛虫(图12.6)只在生物体的腹表面有成排的纤毛分布,偏好于黏附在絮状颗粒上。纤毛的摆动作用使生

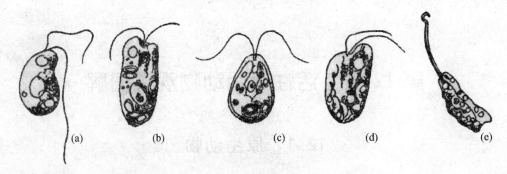

图 12.4　鞭毛虫

注:活性污泥系统中常见的鞭毛虫有:波豆虫(a),唇滴虫(b),衣藻(c),隐藻(d),袋鞭藻(e)。

(引自:Michael H. Gerardi 等. Microscopic Examination of the Activated Sludge Process. 美国:A JOHN WILEY & SONS,INC,2008)

物体运动并产生水流,推引细菌进入腹表面的胞口内。匍匐型纤毛虫的纤毛可以退化成"刺",使虫体固定在絮状颗粒表面。

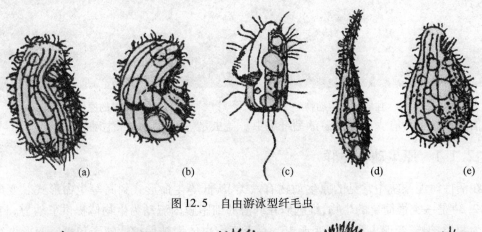

图 12.5　自由游泳型纤毛虫

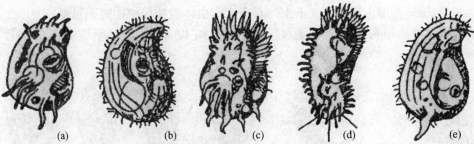

图 12.6　匍匐型纤毛虫

注:活性污泥系统中常见的匍匐型纤毛虫包括:盾虫(a),斜管虫(b),游仆虫(c),棘尾虫(d)和轮毛虫(e)。

　　固着型纤毛虫(有柄纤毛虫)(图 12.7)为高等生命体,仅在胞口周围有纤毛分布,偏好于黏附在絮状颗粒上,纤毛的摆动产生水流推引细菌进入胞口。一些固着型纤毛虫如聚缩虫(图 12.8),在柄鞘中有可收缩的丝状体——肌丝,使生物体能够"弹跳",这种"弹跳"运动引起水涡旋,吸引细菌进入胞口。另一些纤毛虫如盖虫(图 12.7)则没有收缩性的肌丝。

　　一类有趣而奇特的原生动物类群为吸管虫(Suctoria)(图 12.9),它们拥有触手而不是纤毛。

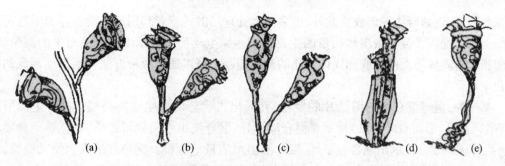

图 12.7　有柄纤毛虫

注:活性污泥系统中常见的有柄纤毛虫包括:独缩虫(a),钟形虫(b),盖虫(c),鞘居虫(d),钟虫(e)。
(引自:Michael H. Gerardi 等. Microscopic Examination of the Activated Sludge Process. 美国:A JOHN WI-LEY & SONS,INC,2008)。

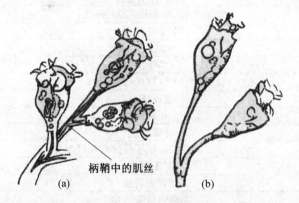

柄鞘中的肌丝

(a)　　　　　　　(b)

图 12.8　能收缩的肌丝

注:并非所有的有柄纤毛虫都有能收缩的肌丝,聚缩虫(a)有肌丝,因而能弹跳,而盖虫(b)不含肌丝,不能弹跳。

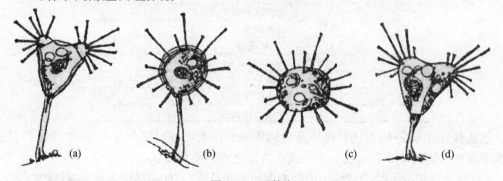

(a)　　　　　(b)　　　　　(c)　　　　　(d)

图 12.9　吸管虫

注:活性污泥系统中常见的吸管虫有:壳吸管虫(a),足吸管虫(b),球吸管虫(c),锤吸管虫(d)。
(引自:Michael H. Gerardi 等. Microscopic Examination of the Activated Sludge Process. 美国:A JOHN WI-LEY & SONS,INC,2008)

12.1.2　原生动物——指示性生物

在活性污泥系统中,原生动物,特别是纤毛类原生动物,对废水处理起着重要的作用,这些作用包括:从本体溶液中去除细小的固体物质——胶体、分散生长物、颗粒物;循环利用矿质营养物；促进絮凝物的形成。此外，许多污水处理厂的经营者利用原生动物作为活性污泥系统运行状况以及混合液出水质量的生物指示。原生动物能指示出混合液出水的质量，但不能指示出固体物质的膨胀和固体物质的流失问题。可以通过两种方法判断活性污泥的优劣及出水质量。

第一种，通过混合液的湿涂片的镜检，判断出占优势的原生动物类型。高等生命形式（有柄纤毛虫、匍匐型纤毛虫）指示着混合液良好，混合液出水质量可接受，而低等生命形式（鞭毛虫、变形虫）指示出混合液不好，混合液出水质量不合格。这种方法既简便又快捷，但有时候也会引发错误，因为高等生命体能在不好的条件下繁殖生长，相反，低等生命体也能在极好的操作条件下繁殖生长（表12.1）。

表 12.1　混合液出水质量的生物指示，以纤毛类原生动物为例

固着型纤毛虫
劣质出水（如 BOD>200 mg/L）
褶皱累枝虫
集盖虫
白钟虫
优质出水（如 BOD<20 mg/L）
瓶累枝虫
长钟虫
霉聚缩虫
匍匐型纤毛虫和有触手的固着型纤毛虫
劣质出水
固着吸管虫
麦格纳球吸管虫
优质出水
近亲游仆虫
胶衣足吸管虫
自由游泳的纤毛虫
劣质出水
草履虫
Trachelphyllum pusillum
优质出水
双小核草履虫
安圭拉漫游虫

在活性污泥系统中，有四种操作条件能影响原生动物种属的相对丰度，这些条件包括：溶解氧浓度、流量、MCRT、有机负荷。这些条件之间的关系如下：

(1)废水流量过大时，生物体（小鞭毛虫和小纤毛虫）一代存活时间短，多样性窄小。

(2)废水流量过小时，生物体一代存活时间有长有短，多样性广（匍匐型纤毛虫、有柄纤毛虫、轮虫、自生生活的线虫）。

(3)高有机负荷导致溶解氧浓度低，使厌氧的原生动物（变形虫、鞭毛虫和小纤毛虫）存活下来。

(4)低有机负荷导致溶解氧浓度高，严格好氧的原生动物（匍匐型纤毛虫、有柄纤毛虫、吸管虫、轮虫和自生生活的线虫）存活下来。

(5)低有机负荷和高溶解氧浓度促使生物多样性丰富。

因此,进一步详细地检查或鉴定出占优势的原生动物的属名如砂壳属,或学名(属和种)如近亲游仆虫是有必要的。这一方法利用到了"污水生物索引"。

污水生物索引或污水生物系统最早由欧洲人提出,它根据生物在缓慢流动的水体中对有机污染物的反应不同而将生物进行分类。这一系统经过改进后能用于描述活性污泥系统中的四种操作状况(图 12.10),这些操作状况如下:(1)多污段(高度污染——含有复杂的有机废物,能通过厌氧过程降解掉);(2)α-中污段(污染——含有大量的有机废物,能通过厌氧和好氧过程降解掉);(3)β-中污段(中度污染——含有有机废物,通过好氧过程降解掉);(4)寡污段(轻度污染——原水中无有机废物,在净化过程中产生)。如图 12.10,每一种状况的相对流量、有机负荷、溶解氧量、代表性生物、混合液出水上层液质量都一一描述出来了。

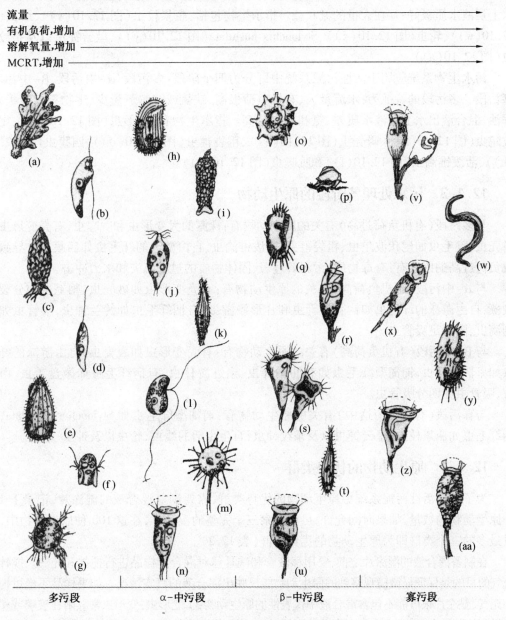

图 12.10　污水生物系统和指示生物

α-中污段的特征为:水流量大、有机负荷高、溶解氧量少、生物量情况差、混合液出水上层液水质差、氨和硫含量高。指示生物有:钩刺斜管虫(图 12.10(h)),砂壳虫(图 12.10(i)),分裂六鞭藻(图 12.10(j))、片形漫游虫(图 12.10(k))、跳侧滴虫(图 12.10(1))、固着足吸管虫(图 12.10(m))以及铃兰钟虫(图 12.10(n))。

β-中污段的特征为:水流量小、有机负荷高、溶解氧量适中、生物量情况适度、混合液出水上层液水质较好、存在氮和硫氧化物。指示生物有:表壳虫(图 12.10(o))、有肋楯纤虫(图 12.10(p))、亲近游仆虫(图 12.10(q))、微盘盖虫(图 12.10(r))、四分吸管虫(图 12.10(s))、卑怯管叶虫(图 12.10(t))和白钟虫(图 12.10(u))。

寡污段的特征为:水流量小、有机负荷适中、溶解氧量适中、生物量情况极好、混合液出水上层液水质极好、存在大量的氮和硫。指示生物包括:瓶累枝虫(图 12.10(v))、线虫(图 12.10(w))、轮虫(图 12.10(x))、Stylonchia pustulata(图 12.10(y))、星云钟虫以及条纹钟虫(图 12.10(a))。

污水生物系统应用于活性污泥系统中可分为四个阶段:多污段、α-中污段、β-中污段、寡污段。多污段的特征为:水流量大、有机负荷极高、缺氧或溶解氧量少、生物量情况极差、浑浊、混合液出水上层液水质差、氨和硫含量高。指示生物有:变形虫(图 12.10(a))、尾状波陀虫(图 12.10(b))、磷壳虫(图 12.10(c))、粗袋鞭虫(图 12.10(d))、四膜虫(图 12.10(e))、活泼锥滴虫(图 12.10(f))和吮噬虫(图 12.10(g))。

12.1.3 污水处理各阶段的原生动物

与多污段(有机负荷过高)有关的原生动物有:裸露的大变形虫和吮噬虫,有壳变形虫如磷壳虫,鞭毛虫如尾状波陀虫、粗袋鞭虫、活泼锥滴虫、自由游泳的纤毛虫如四膜虫。导致有机负荷过高的因素有:有毒物质、污泥龄过短、固体物质的过度流失和水力冲击。

与 α-中污段(有机负荷高)有关的原生动物有:有壳变形虫如砂壳虫,鞭毛虫如分裂六鞭藻,自由游泳的纤毛虫如钩刺斜管虫和片形漫游虫,有柄纤毛虫如铃兰钟虫,吸管虫如跳侧滴虫、固着足吸管虫。

与 β-中污段(有机负荷高)有关的原生动物有:有壳变形虫如表壳虫,自由游泳的纤毛虫如卑怯管叶虫,匍匐型纤毛虫如有肋楯纤虫、亲近游仆虫,有柄纤毛虫如微盘盖虫、白钟虫,吸管虫如四分吸管虫。

与寡污段(有机负荷适中)有关的原生动物有:匍匐型纤毛虫如 Stylonchia pustulata,有柄纤毛虫如瓶累枝虫、星云钟虫以及条纹钟虫,自生生活的线虫、轮虫以及钟虫、水熊。

12.1.4 原生动物的优势类群

为了鉴定活性污泥系统中原生动物的优势类群,需要浏览混合液的湿涂片,记录下 100 种原生动物的数量,如果时间允许,可以观察三个完整的湿涂片,在这 100 种原生动物中,数量最多的三个类群即为原生动物的优势类群(表 12.2)。

在制备混合液的湿涂片之前,要用移液管和洗耳球对混合液样品进行搅拌和充气。搅拌和充气的目的是保证显微镜观察到的原生动物能反映出混合液的真实情况。如果样品不经过搅拌和充气,湿涂片很可能不包含混合液中代表性的原生动物:①变形虫:变形虫常黏附在玻璃或塑料取样瓶的瓶壁上;②鞭毛虫和自由游泳型纤毛虫:当取样瓶中的混合液静置时,它们集聚在上清液中;③匍匐型和固着型纤毛虫:当取样瓶中的混合液静置时,它们积聚于瓶底。

表 12.2　原生动物的优势类群

类群	数量	所占的比例%
变形虫		
鞭毛虫		
自由游泳型纤毛虫		
匍匐型纤毛虫		
固着型纤毛虫		
总数		
有柄纤毛类原生动物的结构和活动		
自由游泳型%	起泡%	修剪%

用放大 100 倍的亮视野或相称显微镜就能观察到原生动物,而鉴定出一些原生动物所属类群需要放大 400 倍。如果原生动物运动太快,可以滴加一些固定剂于湿涂片上,以抑制其运动,可用的固定剂有 1% 的氯化汞或 1% 的硫酸镍。但是,添加固定剂会使盖玻片下混合液的体积过大,无法进行原生动物的计数。因此,为了在计数过程中鉴定出所观察到的原生动物所属类群,固定剂应在计数之前添加好。

12.1.5　原生动物的活性和结构

在有毒物质或抑制剂存在时,原生动物行动缓慢甚至失去活性,这是因为有毒物质或抑制剂会攻击原生动物的酶系统或重要结构组成,使其活性降低甚至终止。因此,通过显微镜检查原生动物的活动,可判断是否有有毒物质或抑制剂攻击活性污泥系统。

在进行有毒样品的湿涂片镜检时,需要评估原生动物所有类群的活动模式,并与正常的无毒样品进行对比,即需要比较两种样品中的变形虫、鞭毛虫以及纤毛虫的活动。

在原生动物群体中,通常以匍匐型纤毛虫楯虫(图 12.11)和固着型纤毛虫钟形虫(图 12.12)作为指示生物,来监控其活动。楯虫对有毒物质和抑制剂极其敏感,很容易被鉴定出来,此外,纤毛的摆动(图 12.13)和钟形虫肌丝(12.14)的弹跳运动也会变慢或失去活性。自由游泳型有柄纤毛虫能作为溶解氧不足的指示生物(图 12.15);能起泡的固着型纤毛虫大量存在时,意味着极其不利的操作状况,包括有毒物质(图 12.16);另外,被修剪的有柄纤毛虫(图 12.17)大量存在时,意味着处理系统湍流过强。

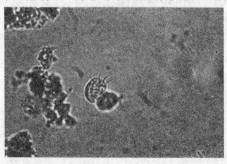

图 12.11　楯虫　　　　　　　　图 12.12　钟形虫

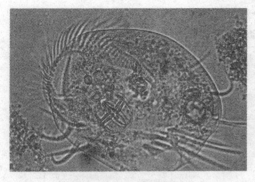

图 12.13　游仆虫

注:纤毛分布于身体的前半部分,纤毛退化成刺后,使生物体固定于絮状颗粒表面。

图 12.14　能收缩的肌丝

注:图为亚甲基蓝下钟形虫正收缩的肌丝。

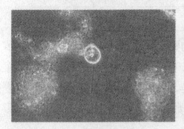

图 12.15　自由游泳型有柄纤毛虫——钟形虫

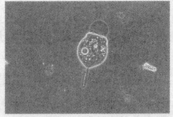

图 12.16　有柄纤毛虫

注:胞口处附有气泡的有柄纤毛虫,纤毛虫的细胞质中也含有许多小气泡。

图 12.17　纤毛虫的后半部位或柄

12.2　细菌和原生动物的相对优势

在活性污泥系统整个运行过程中,即从启动到形成成熟的絮状污泥颗粒,混合液中发生了两个重要的生物事件,一是细菌和原生动物群体的生长,二是它们对于混合液污染程度变化的生物指示过程(图 12.18)。

随着活性污泥系统的运行,混合液中分散和絮凝态的细菌群体的大小和数量不断发生变化。与此同时,原生动物的相对丰度和占优势的类群也不断改变着,从变形虫到鞭毛虫,从自由游泳型纤毛虫到匍匐型纤毛虫,再到固着型纤毛虫。

随着细菌不断降解混合液中的 cBOD,细菌快速或呈指数增长,其相对数量不断增加。细菌群体的最大体积由可利用的 cBOD 量以及捕食者,主要是原生动物决定。

分散或絮凝态细菌的相对数量,在污泥老化过程和高等生命体的盖覆作用下发生变化。大多数幼小的细菌极其活跃,由于鞭毛的摆动作用而呈游离态,随着细菌的长大,逐渐产生三种细胞的必要组成成分,使它们黏聚在一起,这三种物质是黏多糖(可溶性的多聚糖)、短纤维、淀粉颗粒。其中,许多淀粉颗粒可以通过混合液的湿涂片的 PHB 染色观察到(图 12.19)。

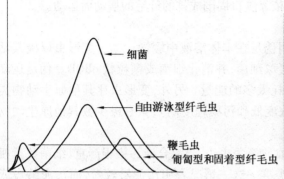

图 12.18　（横坐标:MCRT,纵坐标:相对数量)细菌的相对丰度和占优势的原生动物类群的更替

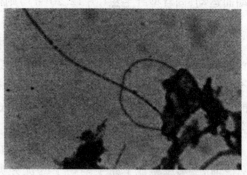

图 12.19　淀粉颗粒
注:丝状生物或絮状颗粒内的淀粉颗粒经 PHB 染色后可以在显微镜下观察到。

原生动物相对丰度的变化、占优势类群的更替主要由以下操作条件决定:有机负荷、HRT、溶解氧量、MCRT 和可利用的基质。

细菌摄取可溶性的胶状基质和微粒状 cBOD 为食。以可溶性的有机复合物,如酸、碱、盐形式存在的可溶性 cBOD 可以被利用。然而,原生动物和细菌间存在着食物竞争,由于混合液中的细菌数量远比原生动物多,且细菌比表面积大,细菌摄食可溶性 cBOD 的效率远比原生动物高,因此,在混合液中,原生动物并不以可溶性 cBOD 作为其主要基质来源。如果原生动物想要依靠可溶性 cBOD 存活下来,混合液中可溶性 cBOD 浓度必须达到 50 000 mg/L。

随着细胞平均停留时间(MCRT)的增加,细菌的相对丰度和占优势的原生动物类群不断发生变化,这些变化由以下因素引起:污染物浓度的降低、曝气时间的延长、分散和絮凝态细菌数量的变化、不同原生动物类群的捕食机制不同。

原生动物主要利用以分散态细菌形式存在的可溶性 cBOD。原生动物只能摄食分散的细菌,而不能移去絮状颗粒或絮状团粒上的细菌,也就是说,原生动物不能掘洞进入絮状颗粒内摄食细菌。因此,原生动物的运动方式、摄食分散细菌的机制以及分散细菌的相对丰度决定了混合液中原生动物的优势类群(图 12.20)。

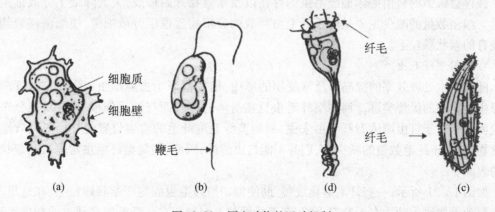

图 12.20　原生动物的运动机制

细胞质在细胞壁内的流动促使变形虫运动(图 12.20(a)),鞭毛的摆动作用促使鞭毛虫运动(图 12.20(b)),自由游泳型纤毛虫(图 12.20(c))依靠整个身体表面成排的纤毛的摆

动而运动,固着型纤毛虫(图 12.20(d))则依靠胞口周围成排的纤毛的摆动而运动。

1. 变形虫

变形虫通常借助水流而漂移,或者利用伪足在本体溶液中缓慢运动。变形虫以极其活跃的分散细菌为食,它们通过伸长的伪足摄取细菌,并消化细菌或颗粒状 cBOD。伪足运动不仅速度慢,而且捕食效率低,但不需要消耗太多的能量。另外,变形虫比其他原生动物类群更能忍受极其严酷的操作环境(溶解氧浓度低和污染程度高),只有极少数其他原生动物会与变形虫竞争。

因此,由于变形虫运动消耗的能量少,食物竞争也小,当混合液污染很严重、细菌数量相对少时,变形虫就成了原生动物中的优势类群。这一情况表明污泥龄较短,而污泥龄短或 MCRT 较短时,分散态细菌大量生长。另外,还有其他操作环境也会引起污泥龄短,分散细菌数量较多。

引起污泥龄过短的操作环境有:①由入流和入渗引起的水力冲击;②低溶解氧浓度;③有机负荷和可溶性 cBOD 的缓慢释放;④混合液悬浮固体物质的过度流失;⑤水力停留时间短;⑥有毒物质以及从有毒环境中恢复的状态。

2. 鞭毛虫

鞭毛虫在混合液中依靠鞭毛的摆动作用快速运动,使其能追捕到运动的分散细菌。在细菌数量相对较多时,这种捕食方式效率较高,而在细菌数量相对较少时,效率则较低。

当混合液中细菌群体快速增长时,鞭毛虫通常会成群地出现。细菌数量增加,使溶解氧量增加,污染物减少,废水处理效率提高,这一系列的变化促使鞭毛虫大量繁殖生长,成为第二类原生动物的优势类群。

3. 自由游泳型纤毛虫

自由游泳型纤毛虫在混合液中依靠短纤毛的摆动作用运动。纤毛成排地分布于生物体的整个表面上,它不仅能促使生物体快速运动,而且能产生水流推引细菌进入胞口内。

由于纤毛的摆动作用需要消耗大量的能量,原生动物必须吞食大量的细菌或基质获取能量。自由游泳型纤毛虫高效的盖覆作用使其在原生动物捕食细菌的过程中占有竞争优势,成为原生动物中的优势类群。

强悍且饥饿的自由游泳型纤毛虫的存在以及絮凝物开始形成,大大降低了分散细菌的数量。细菌数量的减少主要是由于纤毛虫释放的分泌物盖覆了分散细菌,使细菌移聚到正在发育的絮状颗粒上。

4. 匍匐型纤毛虫

随着废水处理效率的提高以及絮凝物的形成,匍匐型纤毛虫棘尾虫(图 12.21)逐渐成为原生动物中的优势类群。匍匐型纤毛虫只在身体的腹表面有纤毛分布,其胞口也分布于腹表面。相对于自由游泳型纤毛虫来说,匍匐型纤毛虫纤毛的着生位置使其能更高效地捕食食物,但由于纤毛数量的减少,它们并不能自由游泳,因此,匍匐型纤毛虫常停留在絮状颗粒的表面。

如图 12.21 所示,一些纤毛退化成刺,助使匍匐型纤毛虫固定于絮状颗粒上,在这里,纤毛的摆动就如原生动物有无数双小腿,在絮状颗粒上匍匐前进。纤毛的摆动也能产生水流,推引游离在絮状颗粒和纤毛虫腹表面间的细菌进入其胞口内。

像所有固着型纤毛虫一样,盖虫沿胞口周围分布着一圆排纤毛,纤毛的摆动作用能产生水流,推引细菌进入胞口内。

　　由于自由游泳型纤毛虫和匍匐型纤毛虫都以细菌为食,混合液中分散细菌的数量逐渐减少,而絮凝物的形成也加速了细菌的消耗。细菌数量的减少、废水处理效率的提高,又为固着型纤毛虫大量繁殖创造了条件,固着型纤毛虫摄食细菌的效率是最高的。

　　5. 固着型纤毛虫

　　固着型纤毛虫在胞口周围有一圆排纤毛(图 12.22),纤毛的摆动作用产生水流,推引细菌直接进入胞口内。一些固着型纤毛虫如钟形虫,在其身体的后半部位具有能收缩的丝状体,使生物体能够弹跳,这种弹跳运动能产生水涡旋,俘获细菌并将其推引至胞口内。

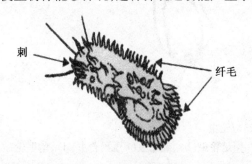
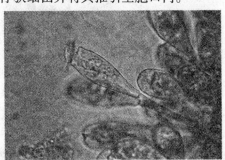

刺　　　　纤毛

图 12.21　棘尾虫(stylonychia)　　　　　　　图 12.22　盖虫

注:匍匐型纤毛虫棘尾虫在其身体的腹表面分布有成排的纤毛,而身体后半部位的纤毛会退变成"刺",助使生物体固定在絮状颗粒上。

　　固着型纤毛虫偏爱于黏附在絮状颗粒上,但当混合液中溶解氧浓度降到小于 0.5 mg/L 时,它们也能在本体溶液中自由游泳。在溶解氧浓度较低时,固着型纤毛虫从絮状颗粒上脱离下来,利用纤毛作为"助推器",柄作为"方向舵",在本体溶液中自由游泳,直到进入下一个溶解氧浓度高的区域,再一次黏附到絮状颗粒上。

12.3　轮虫类

　　轮虫类(Rotifers)或轮微动物(图 12.23)是一类需氧的水生生物,分布极广,包括潮湿的土壤、沙滩、苔藓丛中。它们通过 I/I 进入活性污泥系统中。

　　轮虫类属于轮形动物门,头冠处纤毛的摆动作用看起来像旋转的车轮,故取名为轮虫。轮虫(Rotiferia),意思是承载车轮者,来自于拉丁文"rota"和"ferre","rota"意思为"轮子",而"ferre"是"承受、承载"的意思。头冠包含两个轮盘,纤毛伸缩的频率超过每分钟 1000 次。

　　轮虫是最小、最简单的大型无脊椎动物或后生动物。大多数轮虫为淡水生物,善运动,独居生活。运动方式为自由游泳式(图 12.24)或匍匐式(图 12.25)。通过纤毛的摆动作用可以实现自由游泳(图 12.26),但速度慢,且只能靠足控制向前游动。

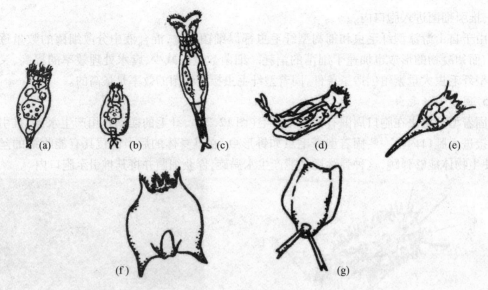

图 12.23　轮虫

注:活性污泥系统中常见的轮虫有:水轮虫(a)、须足轮虫(b)、旋轮虫(c)、翼轮虫(d)、龟甲轮虫(e)、平甲轮虫(f)和腔轮虫(g)。

图 12.24　狭甲轮虫　　　　图 12.25　旋轮虫　　　　图 12.26　轮转器或冠

注:狭甲轮虫是一种自由游泳　注:旋轮虫是一种匍匐型轮虫。　注:轮虫的头部有两丛纤毛。
型的轮虫。

　　匍匐运动需要经过一系列步骤。在活性污泥系统中,最初,匍匐型轮虫通过黏性腺体或脚趾固定在絮状颗粒上,然后,轮虫伸展开身体,将头部黏附到同一絮状颗粒或其他絮状颗粒上,头部一旦固定住,脚趾从絮状颗粒上释放下来,身体收缩,脚趾又从新靠近头部,至此,黏性胶腺又将轮虫脚趾固定在絮状颗粒上,然后头部再次释放,身体伸展。这一系列过程不断重复进行,直到轮虫爬过整个絮状颗粒。

　　大多数轮虫形体微小,身长为 200 ~ 800 μm。轮虫有三种基本形态——囊状、球形、虫形(图 12.27)。一般所说的轮虫是指雌性轮虫,雄虫不存在于某些种类中,存在时数量也极少,而且,它们比雌虫体型更小、结构更简单。

　　轮虫的身体包括三个结构带——头部、躯干和尾部(图 12.28)。头部包含头冠、口、咽,头冠形成一个漏斗,咽内包括咀嚼囊或砂囊。躯干包含了大部分的器官,如胃、肠、泄殖腔、排泄系统和生殖腺。并非所有的轮虫都有尾部,尾部通常为锥形,包含一到四个脚趾。

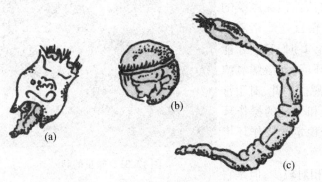

图 12.27　轮虫的基本形态

注:大多数轮虫有三种基本形态:囊状(Noteus)(a),球形
(轮球虫)(b),虫形(摇轮虫)(c)。

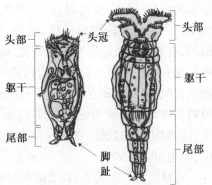

图 12.28　轮虫的基本结构带

注:轮虫身体由头部、躯干、尾部组成,
单巢目(a)轮虫只有一个生殖腺,蛭态
目(b)则有两个生殖腺。

　　根据生殖腺或卵巢的数目,可以将轮虫分为两类:单巢目(一个生殖腺)和蛭态目(两个
生殖腺)(图 12.28)。虽然单巢目只有一个生殖腺,但其结构比蛭态目复杂得多。

　　轮虫的整个身体被一层表皮覆盖。表皮分泌的硬质蛋白形成一层角质层,覆盖在表皮
上方。当角质层达到一定厚度时,就形成了保护性的覆盖层——兜甲。兜甲由许多板块组
成(图 12.29),在细胞破裂剂如十二烷基硫酸盐存在时,兜甲下方的"软"细胞破裂或分散,
从兜甲下游走,只留下兜甲,在显微镜下,由于兜甲的边缘能反射光,兜甲看起来就如会发光
的"马蹄"(图 12.30)。但一些轮虫并不含兜甲,被称为无兜甲轮虫。

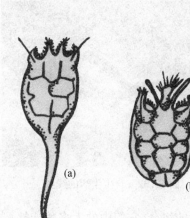

图 12.29　兜甲　　　　　　　　　　　图 12.30　显微镜下的兜甲

　　透明的保护性覆盖层或兜甲存在于许多轮虫类中,包括龟甲轮虫。兜甲由一系列的板
块组成,如图 12.29 和 12.30 所示。

　　在显微镜下,兜甲的边缘能反射光,兜甲看起来就像是一个"发光的马蹄"。当轮虫被表
面活性剂分散时,兜甲并不会分散开来。

　　轮虫是雌雄异体的,偶尔也有雌雄同体出现。但是,轮虫的某些种类中不存在雌体或很
少存在。当雌体不存在时,不需要受精的雌体会通过孤雌生殖而繁殖后代。

　　图 12.31 为雌性轮虫产下的卵。幼虫从卵中孵化出来,发育成有成熟生殖腺的成虫。

轮虫的成熟一般需要几周,而大多数活性污泥系统的
MCRT 并不允许轮虫的成熟,此外,轮虫是严格需氧
的,只有当溶解氧浓度至少达到几 mg/L 时,它们才能
存活和有活性。轮虫对不利的操作环境,如溶解氧浓
度低、存在抑制剂和有毒物质极其敏感。因此,对于常
规的活性污泥系统来说,MCRT 过短和不利的操作环
境会限制轮虫的数量,它们只存在于稳定的操作环境
中,无论 MCRT 如何。

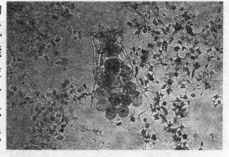

图 12.31　轮虫的卵

在活性污泥系统中,轮虫的数量相对较少,但是它
们起着非常重要的作用:通过吞噬和盖覆作用去除胶体、分散细菌、微粒物;利用分泌物循环
利用营养物质,尤其是氮和磷;作为运行良好的活性污泥系统的指示生物。轮虫以藻类、细
菌、碎屑、原生动物和浮游植物为食。

12.4　蠕虫和类蠕虫的生物

12.4.1　自生生活的线虫

自生生活的线虫是与土壤中水膜有关的陆生无脊椎动物,无致病作用(图 12.32)。由
于它们存在于土壤中,所以可通过 I/I 进入活性污泥系统中。线虫也包括小线虫、蛔虫和蛲
虫。

大多数线虫外表相似,长<3 mm,宽<0.05 mm,身
体由三个连续的管道组成,最里面的管道是消化系统,
中间的管道是纵向的肌肉系统,最外面的管道是表皮
或者"皮肤"(图 12.33)。一般情况下,表皮在细胞破
裂剂或缓慢降解的表面活性剂作用下会破裂(图
12.34)。

线虫较常见于絮状颗粒的表面或内部,它们的肌
肉系统几乎不控制水中身体的活动,线虫在水中通过
鞭打作用而运动。

线虫是雌雄异体的。妊娠的雌性个体产生受精

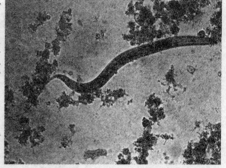

图 12.32　自生生活的线虫

卵,发生沉淀而繁殖。这种无脊椎动物是混合液中唯一重要的组分,它们中的大多数能够掘
洞进入絮状颗粒中,也就是说,它们有一个专门的口器用来咬、咀嚼、压碎或者撕碎食物和絮
状颗粒物。

线虫适宜生长在溶解氧浓度高和食物充足的生境中。它们的食物由藻类、细菌、原生动
物、轮虫类、其他的线虫以及碎屑物组成。混合液中线虫的数量很少且高度不稳定。线虫是
严格好氧的,不能忍受低溶解氧浓度和高污染的环境。在活性污泥法中它们很容易被观察
到,尤其是在稳定的阶段,无论该阶段的污泥龄和平均细胞停留时间如何。因为典型的有高
MCRT 的活性污泥系统比 MCRT 值较低时更稳定,在 MCRT 较高的系统中线虫经常以大的
群体出现,但这并不表明污泥老化。

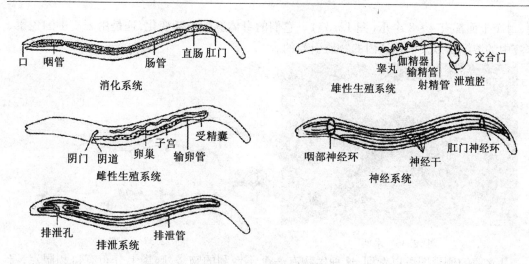

图 12.33　线虫的内部结构

自生生活的线虫一旦适应活性污泥系统的环境,它们将扮演许多有利的角色:通过剪切作用促进细菌和原生动物的活动;通过挖掘行为来改善溶解氧、氮、营养物质和底物渗入絮状颗粒的情况;通过排泄物循环利用营养物,它们的废物堆为絮状物的形成提供了场所。

12.4.2　腹毛虫

腹毛虫(图 12.35)是一类左右对称的无色微型动物,体长 50 ~ 3 000 μm,体内有一个完整的消化道,与轮虫、变形虫密切相关,常见于淡水生境中并通过 I/I 进入活性污泥系统中。

腹毛虫有两条末端反射神经或带有胶腺的黏性管,使其能黏附于植物上或没入水中。它们还有两个黏附腺:一个黏附腺能分泌"黏液",另一个则分泌出某种"溶剂",分别用于"黏附"和"解脱"黏性管。腹毛虫通过头部四丛纤毛的摆动作用获取细菌、真菌、原生动物和死的有机物为食。它们是严格需氧的,不能承受低的溶解氧浓度或有机物过量和有毒环境。腹毛虫仅能存活 3 ~ 21 天。

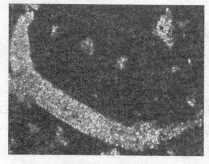

图 12.34　起皮的线虫

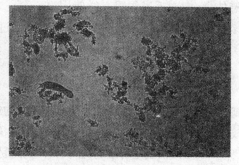

图 12.35　腹毛虫

12.4.3　缓步动物

水熊或缓步动物是一类微型后生动物,体长 50 ~ 1 200 μm,常见于淡水和潮湿的陆生生境中,并通过 I/I 进入活性污泥处理系统中,见图 12.36。

水熊以植物和动物,包括变形虫、线虫和其他缓步类的细胞为食。它们有一个不锋利的圆脑袋,上面分布着口和眼点,身体较圆胖,由甲壳质的表皮覆盖。水熊有 4 对附属肢体或腿,每个上面都有 4 ~ 8 个爪(图 12.37)。它们的身体颜色不断变化,这是由表皮中的色素、体液中的溶解物以及消化道内的物质引起的。

图 12.36　水熊　　　　　　　　　　　　　　图 12.37　水熊

从水熊的侧视图可以看到,这种生物有一个不锋利的脑袋,脑袋上分布有口和眼点,身体短而圆胖,呈柱状,由甲壳质的表皮覆盖。水熊有四对腿,每对腿上都有爪子。

尽管水熊是适应能力很强的生物(大量实验表明,水熊能在冷冻、水煮、风干的状态下存活,甚至还能在真空中或者放射性射线下存活),它们是严格需氧的,并通过 O_2 扩散运动进出表皮来获得分子态的氧。因此,溶解氧的缺失将导致水熊的瘫痪甚至死亡。同样地,过多的表面活性剂存在,以及阻碍溶解氧穿过表皮活动的状况都会导致水熊的瘫痪或死亡。

12.4.4　刚毛蠕虫

刚毛蠕虫或水生的寡毛环节动物(图 12.38)与常见的陆生蚯蚓有相同的基本结构。大多数的水生寡毛环节动物常见于不流动的水洼、池塘、溪流和湖泊中的淤泥和底物碎屑中。它们身长<30 mm,体壁很薄,活的生物体能直接看清体内的器官。

刚毛蠕虫是分节的,几乎所有的节都包括甲壳质的鬃毛或刚毛。刚毛可能是长的、短的、直的、弯曲的、S 形的或者钩状的。刚毛蠕虫运动缓慢,类似于蚯蚓的爬行,它包含能收缩的强健体壁,把刚毛当作锚一样使用。

大多数的水生寡毛环节动物像蚯蚓一样通过吸收底物来获得营养物质。食物通常由丝状的藻类、硅藻、动物和植物碎屑组成。

12.4.5　红蚯蚓

红蚯蚓是蠓飞虫或摇蚊科(昆虫类,双翅目)的幼虫。蠓飞虫是脆弱的蚊子状的昆虫,但不咬人。摇蚊一生发育要经过完全变态——从受精暖卵、幼虫、蛹、到有翅膀的成虫蠓飞虫(图 12.39)。成虫或飞虫是纤细的,体长<5mm,翅膀和腿又长又细,它们经常被误认为是蚊子。

幼虫从卵中孵化出来。含有血红蛋白(血红细胞)的幼虫被称作红蚯蚓,不含血红蛋白的幼虫则呈黑色、棕色、绿色或者是透明的,透明的幼虫被称作箭虫。

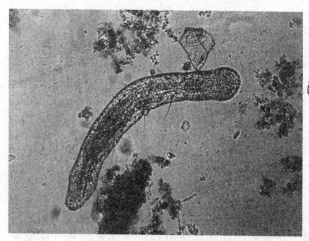

图 12.38　刚毛蠕虫

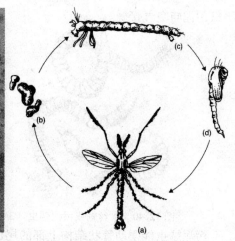

图 12.39　红蚯蚓

注：蠓虫幼虫要经历一个完整的变态发育，即，一生中有四个阶段：成虫（a），卵（b），幼虫（d），蛹（d）。蠓飞虫的红色幼虫即为红蚯蚓。

当雌性蠓飞虫从水面掠过时，就产下奇特的团状卵群（50～700 个）。卵漂浮在静止的水面上，幼虫从卵中孵化出来大约需要两天，孵化的幼虫长度几乎均<1 mm，一些个体自由的生长，而其他个体则迅速为它们的定居准备幼虫管道，这个管道是通过旋转一个由微粒物和丝构成的宽松的网而建成的。幼虫期间，幼虫换毛四次并逐步长到 10～25 mm。在幼虫阶段的末期，它们形成蛹并游过水表，最终变成会飞的成虫。

蠓虫幼虫或者红蚯蚓经常在废水处理池、隧道以及池塘中被发现，它们能在溶解氧浓度低，pH 低和污染程度高的环境下生存。夜间，当溶解氧浓度很低时，红蚯蚓离开它们的管道，达到最活跃的状态。它们主要以藻类和有机的碎屑为食。

蠓飞虫是一个严重的公害。这些飞虫在午后和夜间在处理池附近大量的聚集。它们经常被室外的光线吸引，成群的飞虫会产生一阵阵高声调的嗡嗡声。

控制蠓飞虫和蠓飞虫幼虫的数量可以通过减少藻类的生长量，或者减少处在水表面上下的污水处理池池壁和溢流堰上的生物膜量。清洗池壁或用氯气抑制藻类生长和生物膜可以达到以上目的。向澄清池内的废水表面洒水可以产生波纹，阻碍卵的发育和幼虫的生长。如果得到相关的管理机构的允许，也可以直接使用杀幼虫剂。

12.4.6　污泥蠕虫

污泥蠕虫或水丝蚓（图 12.40）能耐污染，通常在重污染水域中繁殖。这种水生蠕虫也被称为角虫。它们可以在溶解氧浓度极低的条件下生存，并且可以在无氧状态下存活一小段时间。在溶解氧浓度极低或无氧状态时，污泥蠕虫还能大量存在，而其他更高等的生命形式，如轮虫和自生生活的线虫数量却极少甚至不存在。

水丝蚓是一种生活在污泥中或半陆生的淡水食腐虫。它们通过 I/I 进入活性污泥系统中。

大多数水丝蚓头朝下扎进立于碎屑、土壤、污泥上的管状结构中（图 12.41），它们以死的植物为食，通过表皮或"皮肤"呼吸。污泥蠕虫在污泥中形成的管状结构中的掘穴行为使厌氧污泥与空气接触。

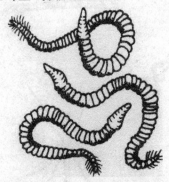
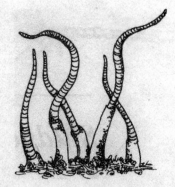

图 12.40　水丝蚓或污泥蠕虫　　　　　图 12.41　水丝蚓头朝下插入管中

　　污泥蠕虫能摆动管状结构上部的尾巴。这种摆动作用可以促进水体流动和气体交换，即，摄取氧气和释放二氧化碳。

　　分节、细丝状的蠕虫呈红色，身长通常大于 25 mm。污泥蠕虫的颜色是由溶解在血液中的血红蛋白决定的。污泥蠕虫的身体由一个包含内管的管道组成，外管是一层由薄的角质层覆盖的柔软肌肉体壁，而内管是包含一个末端的口和肛门的消化道。

12.5　甲壳动物

12.5.1　桡足类和剑水蚤属

　　桡足类（copepods）和剑水蚤属（cyclops）是体型极小的甲壳纲动物，用肉眼很难观察到它们，但它们游动产生的水流却很容易被观察到，因为它们游动时有一个快速跳跃的动作。桡足类和剑水蚤属生活在海洋和淡水水域中，包括湿润的陆生生境、落叶下面、洼地、积水的凹槽、排水口、河床。它们通过 I/I 进入活性污泥系统中。桡足类和剑水蚤属有时也存在于公共供水设备中。

　　桡足类、剑水蚤属和水蚤是存在于活性污泥系统中的常见甲壳纲动物。水蚤属于枝角目，桡足类和剑水蚤属属于桡足目。桡足类是桡足目中有触角且自生生活的一类，它们的触角几乎与甲壳动物的体长一样长（图 12.42）。而剑水蚤属是桡足目中有触角的一属，它们的触角几乎是体长的一半。

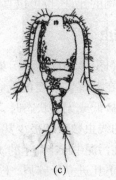

(a)　　　　　　　(b)　　　　　　　(c)　　　　　　　(d)

图 12.42　桡足类和剑水蚤属

　　桡足类的触角从头部延伸到几乎整个身体的长度。桡足类包括螵水蚤(Diaptomus)(图 12.42(a))和侧突水蚤(Epischura)(图 12.42(b)),剑水蚤属的触角从头部延伸到体长一半的长度,剑水蚤属包括剑水蚤(Cyclops)(图 12.42(c))和真剑水蚤(Eucyclops)(图 12.42(d))。

　　典型的桡足类和剑水蚤属体长 1~2 mm,身体呈泪滴状,有两对触须,外壳坚硬,但外壳和整个身体都是透明的。像所有甲壳纲动物一样,桡足类和剑水蚤属在成长过程中需要换皮。它们以细菌和硅藻为食,当以活跃的大群体出现时,意味着当时的环境相对无污染。

12.5.2　水蚤

　　水蚤(图 12.43)是体型较小的甲壳纲动物(200~500 μm),以其跳跃的游泳方式而得名。生活在各种水环境中,以微小的甲壳纲动物和轮虫类为食,通过 I/I 进入活性污泥系统中。水蚤通常作为生物量情况的指示,也就是说,他们对于废水中化学物的变化是极其敏感的,其活性能反映出操作条件的可行性。

　　水蚤的身体可以分为三部分:头、胸部和腹部,但每两部分的分界都是不可见的。胸部包括成对的腿,腿的搏动引起水流,把食物带入消化道。水蚤以藻类、细菌、原生动物和腐烂的有机物为食。

　　水蚤是半透明的或呈琥珀色的单眼动物,身体呈钳状,并覆盖一层保护性的甲质层外壳。水蚤的生命时限决定于环境温度,平均年龄为 40~50 天。

12.5.3　介形类

　　介形类(或介形亚纲)广泛分布于自然界中,偶尔也出现在活性污泥系统中,但不如枝角类、桡足类和水蚤受关注。介形类又被称为"虾籽",这是因为在肉眼下,它们看起来很像附有虾状结构的"种子"(图 12.44)。

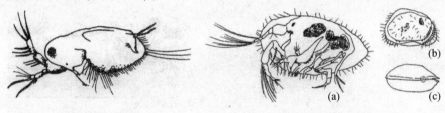

图 12.43　水蚤　　　　　　　图 12.44　介形类

注:(a)为移去壳瓣的介形类剖面图,(b)为有壳瓣覆盖的介形类,(c)为有两个壳瓣的完整介形类。

　　大多数的淡水介形类体长小于 1 mm,颜色有白色、黑色、棕色、灰色、绿色、红色和黄色。介形类有两个起保护作用的柠檬色覆盖物或壳瓣,在显微镜下就像一颗"种子",两个壳瓣由弹性带和肌肉纤维连结在一起。当介形类运动时,在壳瓣下面的虾状结构就会伸出来。

　　介形类的身体不分节,但是对应的头部有四对附属物——两对触须、上颚、下颚。触须是用于挖掘和攀爬的短而硬的爪形鬃毛,或用于游泳的长刚毛。上颚和下颚用来进食。胸部有三双腿,腹部有两条带爪的长枝。触须的摆动和长枝的反踢为生物体提供了动力,使它们爬行、快速地弹跳或疾跑。

介形类一般不存在于高污染的水体中,但它们所适应的环境范围广。可以栖息于藻类和腐烂的蔬菜中、水生植物的根中,以及砂砾、池塘、泥潭、溪流中。它们以藻类、细菌、霉菌、小碎屑为食。

第13章 活性污泥藻类和真菌观察图解

13.1 活性污泥中的藻类

　　蓝绿藻和蓝藻(图13.1和图13.2)在混合液中很少被发现,这是由缺少阳光的透入以及曝气和混合模式产生的混乱环境造成的。然而,藻类能生长在二沉池池壁上、曝气池前污水流经的塔(滴滤池)中和固定膜结构(生物转盘)的工业预处理设备中。因此,活性污泥回流(the return of activated sludge,RAS)和固定膜结构的出水孕育了混合液中的藻类。

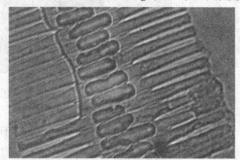 

图13.1　须叶藤属藻类　　　　　　　　　　图13.2　平板藻属

　　常见的藻类为单细胞(如小球藻)、丝状结构(如鱼腥藻、颤藻、水绵)。其中,小球藻(图13.3)和水绵(图13.4)是绿藻,鱼腥藻(图13.5)和颤藻(图13.6)是蓝绿藻。

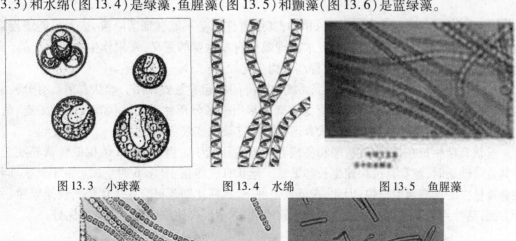

图13.3　小球藻　　　　　　图13.4　水绵　　　　　　　图13.5　鱼腥藻

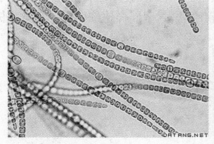 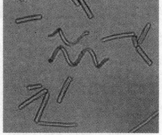

图13.6　颤藻

13.2　真　菌

在活性污泥处理系统中,将真菌分为三类,即致病真菌、单细胞真菌和丝状真菌。

致病真菌大约有 50 种,但在污水处理过程中,会对工作人员产生感染风险的致病菌只有两种,即假丝酵母(Candida)和烟曲霉菌(Aspergillus fumigatis)。假丝酵母(图 13.7)能引起口腔和阴道感染,使人患上念珠菌病,这种病对所有工作人员都是一种潜在危胁。而烟曲霉菌(图 13.8)会引起呼吸系统感染,使人患上曲霉菌病,威胁着那些使用高温处理设备的工作人员。

 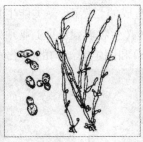 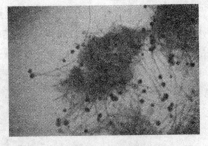

图 13.7　假丝酵母　　　　　　　　图 13.8　烟曲霉菌(烟曲霉菌包含
　　　　　　　　　　　　　　　　　　　　　　　丝状和点状的结构)

单细胞真菌是单细胞生物,代表生物有酵母菌(图 13.9)。单细胞真菌广泛分布于自然界中,它们作为土壤生境、植被、水生生境的一部分与其他微生物紧密联系着。单细胞真菌通过 I/I 进入活性污泥系统中,酒精饮料、营养添加剂的生产以及烧烤、生物修复、乙醇生产、酵母提取和食物腐败等过程都能产生单细胞真菌,污水系统处于某种发酵状态时也能产生它。

单细胞真菌能降解各种基质或 cBOD,其中有许多是不能被细菌降解,或者只能缓慢降解掉的。因此,单细胞真菌对提高废水处理效率有着重要的意义,常用作生物强化产品(商用的湿或干细菌培养)的添加剂,以提高生物强化效果。

丝状真菌(图 13.10)对活性污泥系统中沉降问题起着重要作用。丝状真菌具有分枝结构。根据菌体细胞壁成分的差别,革兰氏染色常用来区分革兰氏阴性(红)和阳性(蓝)菌,经过革兰氏染色后,丝状真菌或丝状真菌的细胞壁被染成红色。

丝状真菌生长在含糖、有机酸和易代谢碳源的环境中。当环境 pH 值偏低和营养缺乏,尤其是磷缺乏时,丝状真菌快速生长和繁殖。丝状真菌能在 pH < 6 时生长。由于丝状真菌在含氮量少时比细菌生长快,因此,在低氮条件下,真菌比细菌更有竞争优势而快速繁殖,另一方面,活性污泥系统接受了大量的抗生素废物,真菌同样比细菌更具有竞争优势。

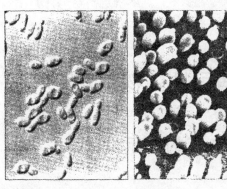

图 13.9　酵母菌　　　　　　　　　　图 13.10　丝状真菌

第14章 活性污泥中指示性生物的观察

14.1 活性污泥良好状态下的指示生物

14.1.1 良好的絮体

活性污泥在良好状态时的絮体粒径约 500~800 μm,有压密性,呈深褐色。絮体与絮体之间的空隙中观察不到针尖状的小絮体,如图 14.1 所示。

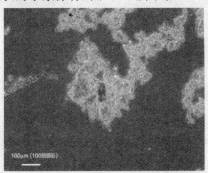

图 14.1 活性污泥中的良好絮体

(引自:株式会社. 污水处理的生物相诊断. 北京:化学工业出版社,2012)

14.1.2 楯纤虫属(Aspidisca)

楯纤虫呈卵圆形,体长:30~60 μm,腹面扁平,背面有隆起,如图 14.2 所示。隆起数随种类不同而发生变化,也有隆起不明显背面看似平的种类。在虫体腹面分布着刚毛(纤毛集结状的毛)。表膜坚硬而无屈伸性。楯纤虫围绕絮体旋转着,用腹面的刚毛扒取絮体周边的细菌捕食。

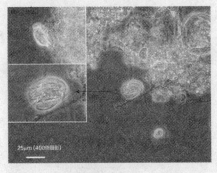

图 14.2 楯纤虫

(引自:株式会社. 污水处理的生物相诊断. 北京:化学工业出版社,2012)

楯纤虫常出现在从趋向良好期前后到污泥解体期,在氧气充足的条件下可观察到。但必须注意,在间歇式活性污泥法中,即使反应器底部存在溶解氧不足的区域,只要上部有溶解氧充足的区域存在它也会出现。楯纤虫对环境变化比较敏感,有时溶解氧减少,楯纤虫瞬间就会消失。

14.1.3　独缩虫属(Carchesium)

独缩虫体长 100~200 μm,形成分枝尾柄相连的群体,尾柄中存在互不相连的肌丝,如图 14.3 所示。由于独缩虫肌丝互不相连,所以 1 个细胞受到刺激,其他的细胞不发生收缩。

独缩虫口围部与细胞宽度相比较大,被固着的絮体既有压密性,粒径又大。处理良好状态时出现,群体的个体数越多越好。类似的有缘毛目中的聚缩虫,由相连的肌丝尾柄形成分枝的群体,与独缩虫一样,在处理良好状态时出现。

14.1.4　钟虫属(Vorticella)

钟虫又称为挂钟虫,靠尾柄部分收缩虫体。体长为 35~85 μm,其主要的特征是尾柄内有肌丝,无分枝,单独固定在絮体上。尾柄大多伸长成直线状,但有时也卷曲成螺旋状。

处理良好絮体结实后,最初出现的缘毛目生物就是钟虫。钟虫的出现环境因种类不同而不同,可根据口围部大小与细胞宽度之比来判断处理状况。口围部与细胞宽度之比小的虫体,在即将变成良好期或从良好期趋向解体期出现。在最良好期出现口围部与细胞宽度之比大的虫体。

钟虫等缘毛目生物收缩时,受到刺激或者状态发生改变时,口围部常常会闭合。有时口围部闭合后立即张开再开始活动,有时一直闭合着停止活动,死亡或形成游离个体等多种情况。

缘毛目生物一旦不适应环境条件,尾柄断裂成游离个体游走。钟虫类甚至在增殖时,增殖的子细胞就形成游离个体游走。如果观察不熟练,难以区别游离个体与纤毛虫类,不过观察到尾柄上有 2 个头连着的虫体及无头尾柄时,很可能是游离个体。游离个体找到环境条件适宜的场所,尾柄重新伸长着床,再开始活动。

图 14.4 所示为口围部张开着的单独虫体、有子细胞口围部张开着的虫体以及有子细胞而口围部闭合着的虫体。子细胞在靠近尾柄基部长出纤毛,头项部呈圆形即游走。

图 14.3　独缩虫

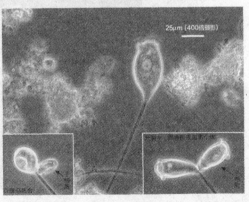

图 14.4　钟虫

14.1.5　锤吸虫属(Tokophrya)

锤吸虫头顶部有吸管(图14.5)。体长:50～130 μm,通常吸管成一束,用吸管捕捉游泳的小虫体,吮吸原生质。尾柄细长,虫体上无表壳。

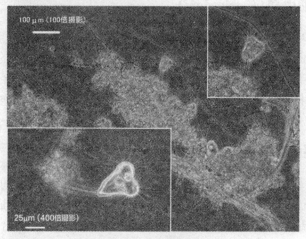

图14.5　锤吸虫

(引自:株式会社.污水处理的生物相诊断.北京:化学工业出版社,2012)

从污泥趋向解体前后开始出现,一直到解体,处理水中的悬浮物(SS)浓度升高都能观察到此类指示动物。

14.1.6　等枝虫属(Epistylis)

活性污泥在良好状态下,等枝虫可形成半圆状的群体,尾柄中无肌丝体,体长50～100 μm。等枝虫具有非常大而平坦的口围部,无胞口的突出部分,尾柄粗,如图14.6所示。大多尾柄变得非常长,特别在生物膜法中,常常能观察到游离个体已脱离的长尾柄。仅观察伸长的尾柄,容易与霉菌和丝状细菌混淆。

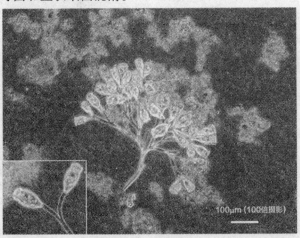

图14.6　等枝虫

(引自:株式会社.污水处理的生物相诊断.北京:化学工业出版社,2012)

良好期稍过,污泥趋向解体前后等枝虫开始出现,一直到解体状态。由于虫体大,有大的絮体存在才能发生固着现象。有时也固着在生物膜法的填料表面及处理水的排水管道等上面,形成个体数多的群体。

14.1.7　盖纤虫属(Opercuiaria)

盖纤虫在活性污泥良好状态下较易出现。盖纤虫可形成由分枝尾柄相连的群体,尾柄中无肌丝,体长 30～250 μm,如图 14.7 所示。尾柄中无肌丝与等枝虫相同,不同的是胞口的小口部圆盘从口围部开始斜向突出,尾柄细。盖纤虫多出现在粪便污水浓度较高的处理厂,处理趋向良好时大量出现。虫体多时形成圆形的群体。有时形成尾柄变得极短,不能分辨有无肌丝的群体。

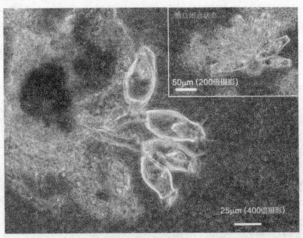

图 14.7　盖纤虫

14.1.8　摩门虫属(Thuricola)

与钟虫不同,摩门虫没有远比虫体长的尾柄,但也是缘毛目的一种,体长 200～450 μm,长的虫体下面有短的尾柄,其外侧有透明的表壳。用表壳和尾柄附着在絮体上。收缩时虫体缩进表壳中,如图 14.8 所示。

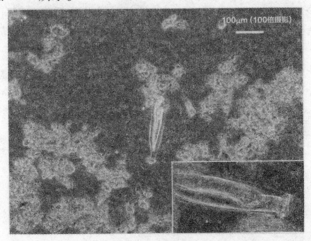

图 14.8　摩门虫属

(引自:株式会社.污水处理的生物相诊断.北京:化学工业出版社,2012)

摩门虫通常出现在最良好期以后,趋向解体及低负荷状态,处理水的悬浮物浓度(SS)稍增加时期。出现环境和形状与摩门虫相似的缘毛目中还有鞘居虫。鞘居虫的虫体下无尾柄,直接固着在透明的表壳上。

14.2　曝气池高负荷状态下的指示生物

14.2.1　膜袋虫属(Cyclidium)

虫体呈卵圆形,平整的头顶部无纤毛,而虫体周围有稍长的纤毛,体长为 25～30 μm,如图 14.9 所示。与尾丝虫不同,口围部有达到体长一半的明显的波动膜,捕食时长纤毛扩展。活动方式也与尾丝虫有所不同,膜袋虫的显著特征是静止与跳跃反复进行。

在负荷高时活性污泥中容易观察到膜袋虫。虽然出现的环境与尾丝虫相似,但出现频率比尾丝虫高的多。

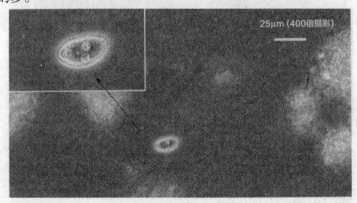

图 14.9　膜袋虫
(引自:株式会社.污水处理的生物相诊断.北京:化学工业出版社,2012)

14.2.2　肾形虫属(Colpoda)

肾形虫呈蚕豆形或肾形,体长 40～110 μm,在侧面中央稍靠近头顶部有胞口,如图 14.10 所示。胞口的特征向体内深度张开,像一个锯齿状三角形空洞,有时则一边旋转一边游泳。

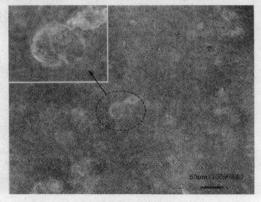

图 14.10　肾形虫
(引自:株式会社.污水处理的生物相诊断.北京:化学工业出版社,2012)

在 pH 较高、氨氮含量较多时,活性污泥中经常出现肾形虫。在粪便处理设施及接纳粪便的污水处理厂中在负荷较高时,很容易观察到这种指示生物。

14.2.3　尾丝虫属(Uronema)

虫体呈卵圆形,头顶部无纤毛,尾毛长与膜袋虫相似,体长 25 ~ 50 μm。与膜袋虫相比,尾丝虫头顶部更圆,相对虫体长度口围部的膜稍小,除尾毛外虫体周围的纤毛长度一般较短。游泳方式与膜袋虫不同,不发生跳跃,快速连续地旋转游泳,如图 14.11 所示。在负荷高时可观察到尾丝虫的存在。

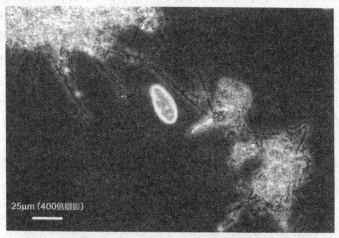

图 14.11　尾丝虫

14.2.4　草履虫属(Paramecium)

高负荷条件下,活性污泥中可常见草履虫,其特征是所有的种类有两个收缩泡,一个在前端,另一个在虫体的中央部位。收缩泡有时张开成花的形状,但通常张开成圆形,体长 100 ~ 300 μm,如图 14.12 所示。虫体呈卷叶状或足形,大多呈扭曲的体形。虫体表面纤毛一样长,但后端纤毛较长。

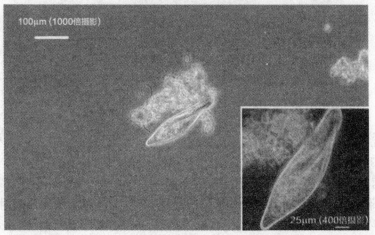

图 14.12　草履虫

(引自:株式会社.污水处理的生物相诊断.北京:化学工业出版社,2012)

当活性污泥中溶解氧不充足时可观察到大量的草履虫。溶解氧不足时,通常与硫黄细菌的长杆菌、螺旋菌和丝状细菌的贝氏硫细菌等出现的生物同时出现。生物膜法中出现的频率较高,大多在溶解氧略不足的生物膜周围能观察到。

14.2.5　絮体和小型鞭毛虫类

当有机负荷较高时,活性污泥中会出现许多动物性小型鞭毛虫类,即使将显微镜放大到400倍,也难以观察动物性小型鞭毛虫类。如果熟练后能在絮体内部、絮体与絮体之间的水中发现似乎在运动的虫体。小型鞭毛虫类最大只有25 μm左右,当放大100倍进行观察时,假定显微镜视野的直径是2 000 μm,那么虫体大小约是显微镜视野的1/80,大致能确认是否有虫体存在。为了掌握生物的大小和絮体粒径,通常使用微米级的显微镜视野大小。

根据鞭毛数、鞭毛和虫体基部的胞口可识别小型鞭毛虫类。胞口在鞭毛基部,根据游泳方式可确定鞭毛基部的位置。正确识别小型鞭毛虫类,必须用400倍以上的高倍显微镜观察,但由于虫体的轮廓不清晰,所以即使在高倍镜下也很难观察。

图14.13是在400倍下观察到的显微镜图像。附着在絮体周围的小型鞭毛虫类是跳侧滴虫。400倍下拍摄的个体数较多,要想确认其存在,小型鞭毛虫类的准确识别必须在更高的倍率下观察。即使在低倍率下,只要能够确定是否存在小型鞭毛虫类,就可为诊断曝气池状态提供参考。

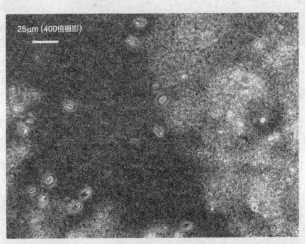

图14.13　絮体与小型鞭毛虫类
(引自:株式会社.污水处理的生物相诊断.北京:化学工业出版社,2012)

14.2.6　新生态污泥的菌胶团

如果能观察到新生态污泥的菌胶团,那么证明有大量有机物存在,细菌类处于快速增殖状态。图14.14是在水中单独观察到的新生态污泥菌胶团及附着在其他絮体上的新生态污泥上的菌胶团。形成附着在絮体周围的新生态污泥菌胶团时,表示某些有机物能被絮体大量吸附,在吸附点细菌反复不断显著增殖;有单独的新生态污泥菌胶团形成时,表示水中有大量有机物存在。污水中的有机物首先被絮体吸附,一部分来不及吸附,则在水中形成新生态污泥菌胶团。

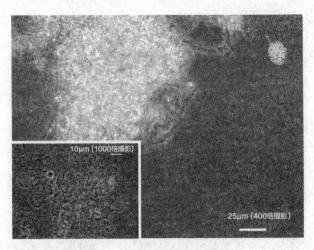

图 14.14　新生态污泥的菌胶团
（引自：株式会社. 污水处理的生物相诊断. 北京：化学工业出版社, 2012）

　　形成新生态污泥菌胶团的细菌类中最主要的是动胶杆菌（Zoogloea）。动胶杆菌一般认为不会成为优势菌, 具有凝聚性细菌的特性。由于构成活性污泥的细菌种类很多, 所以新生态污泥菌胶团是否是动胶杆菌的判别方法必须采用法定方法进行鉴定。

14.2.7　滴虫属（Monas）

　　滴虫呈球形, 虫体前端有两根鞭毛, 但大多情况下观察不到短鞭毛, 体长 10~15 μm, 如图 14.15 所示, 偶尔从与鞭毛相反一侧的虫体后部伸出附着器附着在其他物体上。

　　在有机物浓度较低, 污泥发生解体时通常能观察到滴虫。由于活性污泥一部分常常会发生自氧化, 因此, 即使处理水质良好的情况下, 有时也有滴虫出现。

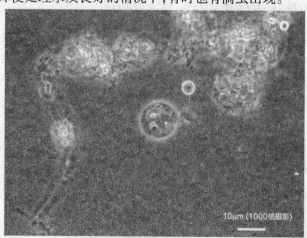

图 14.15　滴虫

14.2.8　侧滴虫属（Pleuromonas）

　　侧滴虫的虫体呈蚕豆形, 体长 6~10 μm, 从凹陷处长出两根鞭毛, 鞭毛长度是虫体的 2~3 倍, 其中一根向前伸, 另一根向后伸。其特征是后端的一根鞭毛固着在絮体上作为支点, 用虫体和另一根鞭毛做跳动。在污泥解体、溶解氧不足等原因引起絮体周围自氧化分解产生的游离细菌增多的状态下经常出现侧滴虫。通常活性污泥一部分会发生自氧化,因此与滴虫相似,即使处理水水质良好的状态下,有时也能观察到侧滴虫。

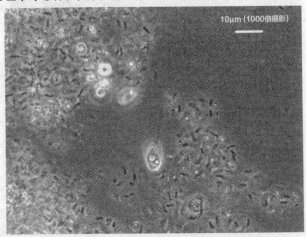

图 14.16　侧滴虫
（引自:株式会社.污水处理的生物相诊断.北京:化学工业出版社,2012）

14.3　曝气池低负荷状态下的指示生物

当污水浓度或有机负荷较低时,活性污泥中占优势的生物主要有游仆虫属、旋口虫属、轮虫属、表壳虫属、鳞壳虫属等,这种生物量多时,标志着硝化正在进行,出现这种生物相时应及时提高曝气池的有机负荷。

14.3.1　分散絮体或糊状絮体

图 14.17 显示的是解体后压密性恶化的絮体,图 14.18 是茶褐色糊状成团块絮体以及在其周围能看到的解体后压密性恶化的絮体。解体后压密性恶化的絮体与新生态污泥菌胶团,用相位差显微镜观察都呈暗绿色。如果用400～1 000 倍（物镜 40～100 倍）的显微镜观察,新生态污泥菌胶团各类细菌的形状都很清晰,然而解体后压密性恶化的絮体,细菌类的形状发生破裂。

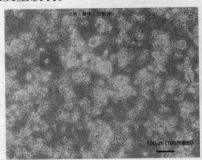
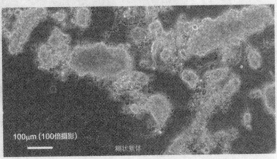

图 14.17　分散絮体　　　　　　图 14.18　糊状絮体
（引自:株式会社.污水处理的生物相诊断.北京:化学工业出版社,2012）

在有机负荷低、污泥停留时间长的状态下,絮体具有各种各样的形态,既存在糊状的絮体,也存在压密性恶化的絮体。

14.3.2　表壳虫属 (Arcella)

表壳虫是有壳变形虫,虫体周围有坚硬外壳的。虫体从上方看呈圆形,体长 30 ~ 250 μm,而横向看呈略显扁平的半圆形。口孔在中央,运动、摄食时伸出棒状的足。表壳虫分裂后新生期的虫体透明,老化后虫体变成深褐色。如果有污泥堆积和死水区存在时,外壳容易着色变成深褐色,可作为有无污泥堆积区的指标。

在处理水良好的情况下,很容易观察到表壳虫。在污泥停留时间长、pH 降低或发生硝化时也能够观察到此类虫属。如果溶解氧浓度突然下降,有机负荷升高,环境条件发生变化时,壳上将产生龟裂而改变原来的形状。

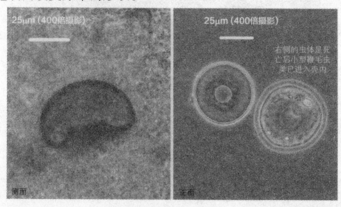

图 14.19　表壳虫

14.3.3　鳞壳虫属

磷壳虫呈卵圆形,体长 30 ~ 200 μm,如图 14.20 所示。具有透明有规则的硅酸质鳞片或小板块构成的壳,有的壳上有尖突。运动、捕食时伸出丝状的伪足。在工业废水含量高,污泥解体时可大量繁殖,甚至成为优势种群。

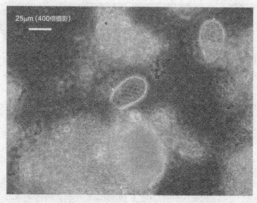

图 14.20　鳞壳虫

(引自:株式会社. 污水处理的生物相诊断.北京:化学工业出版社,2012)

14.3.4　游仆虫属

游仆虫呈扁平的长椭圆形或卵圆形,腹面平坦而背面隆起,体长 80~155 μm,如图 14.21 所示。生长从前端开始达到体长 1/3 宽的口围部。虫体的前面和后面纵生刚毛。捕食楯楣纤虫一样,用后部的刚毛摁住絮体,用前部的刚毛掐碎絮体捕食。有的也以纤毛虫类和小型鞭毛虫类为食。在水中游泳速度较快,但捕食时一般停留在絮体表面或水中。游仆虫停留时,会在虫体周围泛起大的水流,可根据此现象来判断游仆虫的存在。此外,在污泥停留时间长或发生解体现象时,很容易观察到游仆虫。游仆虫抗缺氧能力较强。

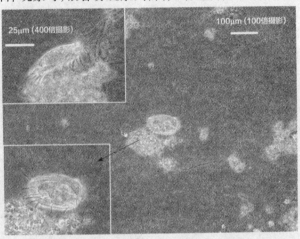

图 14.21　游仆虫

14.3.5　旋口虫

旋口虫呈扁平的短尺形,有时达到 1 000 μm(1 mm)以上,认为是污水处理中出现的最大的原生动物。虫体后部具有特征收缩泡,由于具有透明感而容易进行识别。在有机负荷降低、溶解氧浓度升高,污泥开始出现解体的过程中都能观察到旋口虫。在处理水透明度良好的状态下也可出现大量的旋口虫。

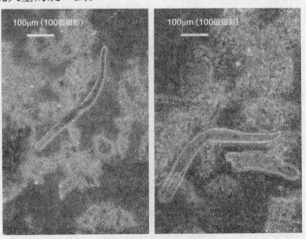

图 14.22　旋口虫

(引自:株式会社. 污水处理的生物相诊断. 北京:化学工业出版社,2012)

14.3.6　轮虫属

与单细胞原生动物不同,轮虫属于多细胞的小昆虫类,体长:300~800 μm,可根据趾的数量 3 根和吻状突起上的眼点来识别轮虫。轮虫将趾部的吸附器附着在絮体上,用头部的纤毛环搅动水流,把游动着的细菌类和微小原生动物吸引过来运送到咽头进行捕食。

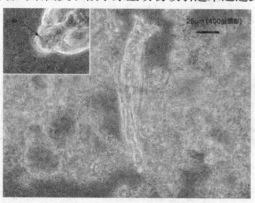

图 14.23　轮虫属

(引自:株式会社. 污水处理的生物相诊断. 北京:化学工业出版社,2012)

从有机负荷低,污泥解体开始之后到还残留大的絮体为止都可观察到轮虫。与原生动物不同,小昆虫类以卵繁殖。因此,当环境状态发生变化后,小昆虫类有时会从卵中孵化出虫体,诊断时需加以注意。

14.4　引起污泥膨胀的指示生物

正常的活性污泥沉降性能良好,其污泥体积指数 SVI 在 50~150 之间,当活性污泥出现异常时,污泥就不容易发生沉淀,反映出 SVI 值升高。混合液在 1 000 mL 量筒中沉淀 30 min后,污泥体积膨胀,上层澄清液减少,这种现象称为活性污泥膨胀。活性污泥膨胀虽然与 SVI值有关,但有时工业污水的 SVI 值常年在 200~300 范围内也不产生污泥膨胀,所以污泥膨胀定义:由于某种原因使活性污泥沉降性能降低,SVI 不断升高,沉淀池污泥面不断上升,造成污泥流失,曝气池的 MLSS 浓度降低,从而破坏正常的处理工艺操作的现象。

污泥膨胀的原因大部分是由污泥中丝状菌大量繁殖造成的。丝状菌性膨胀常见的一种膨胀,如图 14.24 所示。

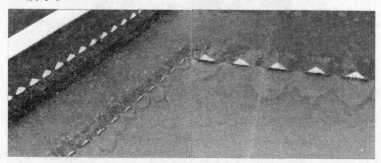

图 14.24　污泥膨胀现象

活性污泥在不正常的情况下,其中的菌胶团受到破坏,出现大量的丝状菌。膨胀污泥中的丝状菌主要有球衣菌、贝氏硫细菌和021N型细菌。

14.4.1 球衣菌属

球衣菌的长丝状体略微弯曲或挺直。丝状体带衣鞘,衣鞘中眉毛状的杆菌并行排列。球衣菌丝状体粗$1.0 \sim 1.4$ μm,长在500 μm以上,如图14.25所示。球衣菌繁殖时眉毛状细胞先进行增殖,随后形成周围的衣鞘。球衣菌的特征之一是有假分支形成。假分支只有在增殖期才能观察到。

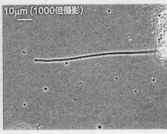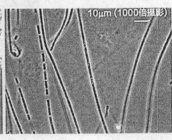

图14.25 球衣菌

(引自:株式会社. 污水处理的生物相诊断. 北京:化学工业出版社,2012)

在溶解氧浓度较低时,容易观察到球衣菌从絮体表面伸出来。在条件适宜的情况下,球衣菌可快速增值。但脱离环境条件,数天内丝状体就会减少,丝状菌污泥膨胀得以解除。

14.4.2 贝氏硫细菌

贝氏硫细菌是一种硫黄细菌,通过代谢硫化氢获取能量。在曝气池中贝氏硫细菌不发生增殖,但在反应池内存在无溶解氧过程的厌氧—好氧活性污泥法及间歇式活性污泥法运行过程中容易观察到贝氏硫细菌。贝氏硫细菌是不带分支的丝状体,长$100 \sim 500$ μm,粗$1.0 \sim 3.0$ μm,如图14.26所示。细胞内含有大量硫黄粒子时做滑行运动,容易识别。若溶解氧增加,硫黄粒子消失,贝氏硫细菌就停止滑行,进入休眠状态,此时能观察到其隔膜。

贝氏硫细菌大多与螺旋体能同时观察到。休眠状态的丝状体无法识别时,打开样品容器的盖子,放置$1 \sim 2$天后再进行观察。如果是贝氏硫细菌,样品的污泥界面上会出现白色的斑点,使用显微镜观察能发现含有硫黄粒子而正在活动的丝状体。

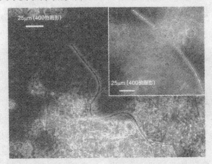

图14.26 贝氏硫细菌

(引自:株式会社. 污水处理的生物相诊断. 北京:化学工业出版社,2012)

14.4.3　021N 型细菌

丝状体粗为 1.0~2.0 μm,长 500 μm 以上。

021N 型细菌是引起丝状菌污泥膨胀的代表性丝状菌之一(图 14.27)。在低溶解氧浓度下较容易出现,出现后如果氧气量增加,其仍可继续增殖,实现生物量的减少具有一定的难度。021N 型细菌通过鼓状的细胞连接构成丝状体。021N 型细菌容易形成长的丝状体,没有衣鞘容易发生弯曲,有时形成绳结状。如果不连续的细胞形成丝状体,菌体表面凹凸不平,容易识别,但有的形成光滑的丝状体就不容易识别。若溶解氧不足,隔膜也将变得不清晰。

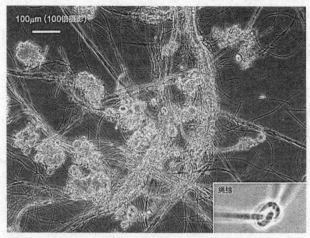

图 14.27　021N 型细菌

第 15 章 收集、评估及观察报告

15.1 显微镜设置和等级表

大多数的废水样品（表 15.1）都能用于评估处理工艺的优劣性，但最常用的是混合液。用于显微镜镜检的主要或重要成分随处理厂不同而不同，但常常包含本体溶液、絮状颗粒、丝状生物、原生动物和后生动物（表 15.2）。如果混合液中泡沫数量不正常，也可以进行泡沫的显微镜镜检（表 15.3）。

表 15.1 用于显微镜镜检的废水样品

污泥脱水操作得到的浓缩液或滤液
厌氧或好氧消化液
厌氧或好氧消化固体
最终出水
泡沫
从预生物处理系统流出的工业污水
渗滤液
混合液
回流活性污泥
浮渣
二沉池出水
泡沫（沉降性试验）
漂浮的固体物质（沉降性试验）
沉降的固体物质（沉降性试验）
上层清液（沉降性试验）
浓缩的溢流液

表 15.2 混合液主要成分的显微镜镜检

成分	特征
本体溶液	分散生长物，相对丰度 微粒物，相对丰度

续表 15.2

成分	特征
絮状颗粒	占优势的形态 占优势的尺寸 占优势的尺寸范围 强度,松散或紧实 强度,周边松散,中心紧实 墨汁反染色,阴性或阳性
菌胶团	相对丰度
絮状颗粒/丝状生物体	架桥联结成的絮体网,少或多 开放结构的长絮体,少或多
丝状生物体	大多数丝状体的长度或长度范围 大多数丝状体的着生位置 所有丝状体的相对丰度 占优势的丝状体 衰退的丝状体
原生动物	活动 结构 总数或相对丰度 原生动物各类群的数量或及其所占的百分比 占优势的原生动物
后生动物(轮虫和线虫类)	活动 结构 总数或相对丰度

表 15.3　泡沫主要成分的显微镜镜检

起泡的丝状生物
营养不足的絮状颗粒
菌胶团

15.1.1　本体溶液

　　本体溶液是围绕在絮状颗粒间的水溶液。在良好的混合液中,本体溶液含有少量的分散生长物或微粒物。分散生长物和微粒物通过三种机制从本体溶液中去除。第一,如果分散生长物或者微粒物上的电荷与絮状颗粒表面的电荷相容,它们便很快地被吸附到絮状颗粒上。第二,如果电荷是不相容的,纤毛状原生动物和后生动物可以释放分泌物,产生盖覆作用,使电荷变得相容。第三,分散生长物可以被纤毛状原生动物和后生动物吞噬掉。

　　当不利的操作条件中断絮状物的形成时,絮状颗粒会吸附或释放出分散生长物和微粒物,使它们不能从本体溶液中除去。絮状物形成中断常引起分散生长物和微粒物在本体溶液中大大增加。导致絮状物形成中断的操作条件有很多,见表 15.4。

表 15.4 中断絮凝物形成的操作条件

操作条件	描述或例子
阴离子清洁剂或细胞破裂剂	十二烷基硫酸盐
胶质絮状物	过量的蛋白类废物
过高的温度	>32 ℃
起泡	能起泡的丝状生物
高 pH/低 pH	>8.5/<6.5
MLVSS 增加	油脂类的积累
缺乏带纤毛的原生动物	<100 个/mL
溶氧量不足	连续 10 h<1 mg/L
营养不足	氮或磷
盐度	过量锰、钠或钾
产生浮渣	细菌大量死亡
腐败性	<−100 mV(ORP)
剪切作用	RAS 泵,表面曝气
可溶性 cBOD 缓慢释放	正常可溶性 cBOD 负荷的 3 倍
硫酸盐类	>500 mg/L
总溶解固体量(TSD)	>5 000 mg/L
毒性	过量 RAS 氯气处理
丝状生物体大量生长	相对丰度等级>"3"
黏性絮状物或菌胶团	絮凝形成的细菌迅速生长
污泥龄短	<3 dMCRT

15.1.2 本体溶液,分散生长物

在放大倍数为 100 的显微镜下,可以看到分散生长物包括许多极小的"点状"絮状颗粒(<10 μm)。分散生长物的数量划分为"少量"、"大量"或"过量"三个等级(分别为图15.1～15.3,表 15.5)。用相称显微镜或亮视野显微镜可以观察混合液湿涂片中的分散生长物(表15.6)。使用亮视野显微镜时,在湿涂片上加一滴亚甲基蓝能更容易观察到分散生长物。浏览湿涂片时,没必要计数出每个视野内的"点"数,但要能主观地评估出分散生长物的相对丰度。

良好的混合液分散生长物的相对丰度等级应为"少量"。"大量"、"过量"说明操作条件不利,需要鉴定和改进。

图 15.1　少量的分散生长物　　　图 15.2　大量的分散生长物　　　图 15.3　过量的分散生长物

表 15.5　分散生长物的相对丰度等级

等级	描述
少量	每个视野中<20 个"点"
大量	每个视野中"点"数为十的倍数,如 20,30,40……
过量	每个视野中出现成百的"点",如 100,200,300…

表 15.6　评估分散生长物的显微镜设置

玻片制备	显微镜	总放大倍数
湿涂片	亮视野或相称显微镜	100×

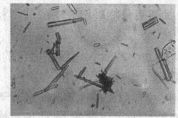

图 15.4　微粒物,塑性树脂　　　图 15.5　微粒物,纤维　　　图 15.6　微粒物

15.1.3　本体溶液,微粒物

微粒物包括无机或惰性粒子。有的微粒物较小,如塑料树脂($<20\ \mu m$)(图 15.4),有的较大,如纤维物质($>1\ 000\ \mu m$)(图 15.5)。微粒物的颜色、质地或形状多种多样,它们能吸附到絮状颗粒的表面或进入絮状颗粒内部(图 15.6)。尺寸大于 $10\ \mu m$ 的微粒物被认为是惰性粒子。

微粒物的数量可分为"少量"或"大量"两个等级(表 15.7)。用亮视野或相称显微镜可以观察到混合液湿涂片中的微粒物(表 15.8)。使用亮视野显微镜时,在湿涂片上滴一滴亚甲基蓝可以更容易观察到微粒物。浏览湿涂片时,不必计数每个视野内微粒物的数量,但要能主观地评估出在本体溶液中自由浮动的以及吸附或在絮状颗粒内部的微粒物相对数量。

良好的混合液微粒物的相对丰度等级应为"少量"。"大量"说明操作条件不利,需要鉴定和改进。

表 15.7   微粒物的相对丰度等级

等级	描述
少量	大多数微粒物吸附或融合在絮状颗粒中
大量	大多数微粒物在本体溶液中自由浮动

表 15.8   评估微粒物的显微镜设置

玻片制备	显微镜	总放大倍数
湿涂片	亮视野或相称显微镜	100×

15.1.4   絮状颗粒中占优势的形状

在混合液中,絮状颗粒有两种常见形状,即球形(图 15.7)、不规则形状(图 15.8),此外,还有极少见的椭球形(图 15.9)。

通常,在几乎所有的活性污泥处理系统中,都同时存在球状和不规则的絮状颗粒。在有大量丝状生物体的成熟活性污泥系统中,不规则的絮状颗粒占优势。丝状生物构成了一个强大的网状结构,能抵抗处理过程中的剪切或扰动作用,因此,随着絮状颗粒的长大,絮状细菌沿着丝状生物体伸长方向生长或凝聚。而在污泥龄较短的系统中,丝状生物体极少,抵抗剪切作用的能力很差,因此,在丝状生物体大量繁殖之前,絮状细菌只能凝聚成小的球形粒子。

由于幼小的细菌吸附在絮状颗粒上,只产生少量的油,所以幼小的絮状颗粒是白色的。而吸附在絮状颗粒上的老细菌产生较多的油,使成熟的絮状颗粒呈金棕色。

椭球形的絮状颗粒很少被观察到,除非显微镜玻片被弄脏,或者操作条件不利。玻片弄脏以及新的或清洗过的玻片上有油膜都会促使椭球形絮状颗粒的形成。因此,在使用显微镜玻片之前,清洗干净是很重要的。镜片可用爵士白或相似的复合物清洗,然后用去离子水彻底冲洗干净。

图 15.7   球状的絮状颗粒   图 15.8   不规则的絮状颗粒   图 15.9   椭球形絮状颗粒

椭球形的絮状颗粒存在于多油的废水中,或含过量多价阳离子的废水中,包括工业生产排放的金属和凝结剂,如明矾、三价铁和石灰。受多价阳离子影响而形成的椭球状絮状颗粒指示了操作条件不利,需要鉴定和改进。

用亮视野或相称显微镜可以观察混合液的湿涂片中絮状颗粒(表 15.9、表 15.10)的优势形状。当使用亮视野显微镜时,在湿涂片上加一滴亚甲基蓝可以更容易地观察到絮状颗粒的形状。浏览湿涂片时,不用记录每个视野中所有絮状颗粒的形状,但要能主观地评估出每种形状的相对丰度。

表 15.9 絮状颗粒的尺寸和形状

尺寸	形状	注释
较小	球形 不规则形状	典型原因为污泥龄短 可能是由于剪切作用
中等	不规则形状 球形 椭球形	典型原因为污泥龄长 可能是由于表面活性剂的排放 可能是由于金属的排放
较大	不规则形状 球形 椭球形	典型原因为污泥龄长 可能是由于表面活性剂的排放 可能是由于金属的排放

表 15.10 评估絮状颗粒形状的显微镜设置

玻片制备	显微镜	总放大倍数
湿涂片	亮视野或相称显微镜	100×

15.1.5 絮状颗粒,占优势的尺寸

絮状颗粒的尺寸常被分为三类(表 15.11),一般用目镜测微尺测量它的尺寸,单位是微米(μm)。这三种尺寸分别为较小(<150 μm)、中等(150~500 μm)和较大(>500 μm)。在一个良好活性污泥系统中,大多数絮状颗粒是中等或是较大的。用亮视野或相称显微镜可以观察到混合液的湿涂片中絮状微颗粒占优势的尺寸(表 15.12)。当使用亮视野显微镜时,在湿涂片上加一滴亚甲基蓝能更容易观察出絮状颗粒的形状。

表 15.11 常见絮状颗粒的尺寸范围

较小	中等	较大
<150 μm	150~500 μm	>500 μm

表 15.12 评估絮状物颗粒尺寸的显微镜设置

玻片制备	显微镜	总放大倍数
湿涂片	亮视野或相称显微镜	100×

通常,一种或两种尺寸的絮状颗粒统治着活性污泥系统。优势尺寸的改变,意味着操作条件有重大改变,如,污泥龄过长或固体物质的过度流失。虽然在活性污泥系统中,一种或两种尺寸的絮状颗粒占优势,如,从 20~1 800 μm 到 80~1 900 μm,意味着操作条件的重大改变,如可溶性 cBOD 的缓慢释放导致的新生物的快速生长。

用亮视野或相称显微镜进行混合液湿涂片的镜检(表 15.13),能观察到絮状颗粒占优势的尺寸。使用亮视野时,在湿涂片上加一滴亚甲基蓝可以更容易地观察到絮状颗粒的形状。

表 15.13 评估絮状颗粒尺寸范围的显微镜设置

玻片制备	显微镜	总放大倍数
湿涂片	亮视野或相称显微镜	100×

15.1.6 絮状颗粒,强度

絮状颗粒的强度是一个极重要的特性。紧实的絮状颗粒能抵抗剪切作用,而疏松的絮状颗粒在活性污泥系统运行过程中易被剪切掉。

絮状颗粒的强度能用来主观评估絮状细菌的压实程度(表 15.14)。"紧实"表示细菌紧紧地连接在一起,"疏松"则表示絮状细菌松散地连接在一起。絮状颗粒的相对强度可以通过亚甲基蓝染色观察到。

表 15.14 经过亚甲基蓝染色后,紧实和松散的絮状颗粒的形态特征

絮状颗粒的强度	形态特征
紧实	带有极少的空隙或空白的深蓝色颗粒
松散	带有一些空隙或空白的浅蓝色颗粒

经过亚甲基蓝染色后,紧实的絮状颗粒大部分区域呈现深蓝色(图 15.10),也有极少的空隙或空白区域。疏松的絮状颗粒大部分区域呈现淡蓝色(图 15.11),也有一些空隙或空白区域。

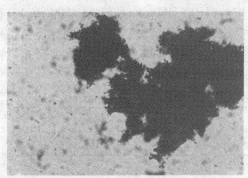

图 15.10 在亚甲基蓝下紧实的絮状颗粒,絮状颗粒的大部分区域被染成深蓝色

图 15.11 亚甲基蓝下疏松的絮状颗粒
注:絮状颗粒大部分区域呈淡蓝色,也有一些空隙和缺口。

表 15.15 评估絮状颗粒的相对强度的显微镜设置

玻片制备	显微镜	放大倍数
湿涂片	亮视野	100×

为了观察絮状颗粒的相对强度,可以用亮视野显微镜对混合液湿涂片进行镜检(表 15.15)。务必滴加一滴亚甲基蓝于湿涂片上,再观察细菌细胞的压实状况。

经历过可溶性 cBOD 缓慢释放过程的絮状颗粒增长的很快。这种快速的增长主要发生在絮状颗粒的周边,使得絮状颗粒的周边产生松散的絮状细菌团(图 15.12)。但是,絮状颗粒的核心依旧为密实的絮状老细菌团。用蕃红染色可以区别絮状细菌的压实程度和年龄。为了观察由可溶性 cBOD 的缓慢释放引起的细菌快速生长,可用亮视野显微镜对蕃红染色

的混合液涂片进行镜检(表 15.16)。

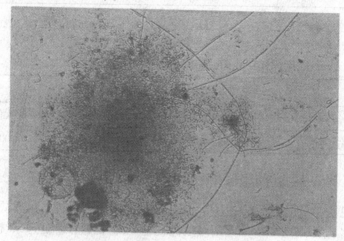

图 15.12　经过蕃红染色的絮状颗粒

注:核心紧实(深色,细胞紧紧压缩在一起),周边疏松(浅色,细
胞松散地聚集在一起)。

表 15.16　为观测由可溶性 cBOD 的缓慢释放引起的细菌缓慢生长的显微镜设置

玻片制备	显微镜	放大倍数
涂片	亮视野	400×或 1000×

15.1.7　菌胶团或黏性絮体

菌胶团或黏性絮体是絮凝形成的细菌如胶团杆菌迅速大量增殖的产物,这种絮体有不
定形(球形)(图 15.13)和树枝状(指状)(图 15.14)。通常只有一种形态存在或者占优势地
位。

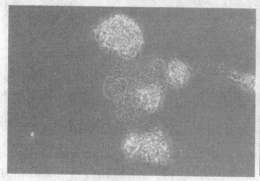

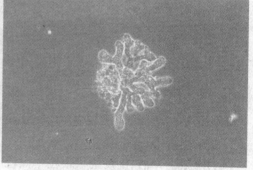

图 15.13　不定形的菌胶团　　　　　　　图 15.14　树枝状菌胶团

菌胶团导致了疏松、上浮的絮状颗粒的产生。这种絮体与白色的波浪状泡沫有关,且能
生长在二次澄清池池壁和溢流堰上。

菌胶团划分为“少量”和“大量”两个等级(表 15.17)。“少量”指只有极少数的视野中
存在菌胶团,“大量”则指大多数的视野中都存在菌胶团。用相称或亮视野显微镜可以观察
到菌胶团(表 15.18),而使用亚甲基蓝染色剂能改善菌胶团的外观。

表 15.17　菌胶团等级表

等级	描述
少量	极少数的视野内存在菌胶团
大量	大多数视野内存在菌胶团

表 15.18　评价菌胶团显微镜设置

玻片制备	显微镜	放大倍数
湿涂片	亮视野显微镜或相称显微镜	100×

15.1.8　营养不足(油墨反染色)

　　油墨反染色法是根据絮状颗粒中储存食物的相对含量,判断出营养缺乏可能性。储存的食物总量越多,絮状颗粒营养不足的可能性就越大,也就意味着处理系统正经历一个营养不足的阶段,这时,不能降解的可溶性 cBOD 会转化成不溶性的多聚糖,并储存在絮状颗粒内。当营养充足的时候,多聚糖再转化为可溶性和可降解的糖。

　　油墨反染色技术需要用到墨汁或苯胺黑以及相称显微镜(表 15.19)。在染色时,油墨中的炭黑粒子可渗入到絮状颗粒内,在相称显微镜下,炭黑粒子出现的部分呈现出黑色或者金棕色(图 15.15),而在没有炭黑粒子的部位则呈现出白色(图 15.16)。而有些部位之所以没有出现炭黑粒子,是因为这些部位储存的食物阻碍了炭黑粒子的运动。

表 15.19　墨汁反染色法的显微镜设置

玻片制备	显微镜	放大倍数
湿涂片	相称显微镜	100 倍或 1 000 倍

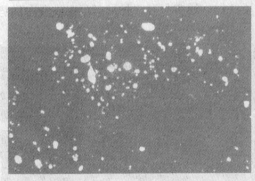
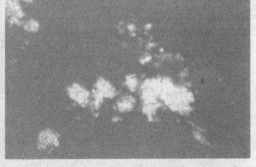

图 15.15　对墨汁反染色呈阴性反应　　　　图 15.16　对墨汁反染色呈阳性反应

　　通过客观的评估、比较絮状颗粒中黑色、金棕色区域的相对面积和白色区域的相对面积,可以判断出絮状颗粒营养不足的可能性(表 15.20)。如果絮状颗粒大部分区域呈现黑色和金棕色,营养不足的可能性就相对较低,反之则较高。

表 15.20　墨汁反染色的类型

类型	描述
阴性	絮状颗粒大部分区域呈现黑色和金棕色,只有一小部分呈现白色或是有白色的斑点
阳性	絮状颗粒大部分区域呈现白色

如果有大量的胶状的物质存在,墨汁反染色可能会出现假阳性,因为这些物质会像储存的食物一样,阻碍炭黑粒子的运动,在中毒或是菌胶团生长时会产生这种胶状物质。通过检测到不定形或树枝状絮体可以确定菌胶团的存在。当比耗氧速率(specific oxygen uptake rates,SOUR)大大降低,且原生动物和后生动物运动迟缓或者失去活性时,可以认为已发生中毒情况。

混合液的湿涂片制备不当也会导致假阳性的出现(图 15.17)。使用存放时间过长的墨汁或蓝墨汁,或者墨汁用量不足都是玻片制备不当的表现。

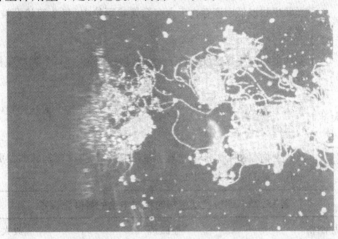

图 15.17 墨汁反染色玻片制备不当(滴加的墨汁量不足)引起的假阳性

15.1.9 丝状生物的存在与否

在稳定运行的的活性污泥系统中,应当存在丝状生物,而且通过常规的混合液镜检很容易观察到(表 15.21)。如果丝状生物不容易被观察到,可能原因有:①丝状生物是透明的、较短,或是主要在絮状颗粒内部生长,②在当时的运行状况下无法生存。在湿涂片上加一滴亚甲基蓝,会使丝状生物更容易被观察到。有三种运行状况会阻碍丝状生物的生长,即①污泥龄较短;②复杂化合物作为基质;③有毒物质存在。

表 15.21 检测丝状生物存在与否的显微镜设置

玻片制备	显微镜	放大倍数
湿涂片	相称显微镜	100 倍或 1 000 倍

15.1.10 丝状生物的相对丰度

在活性污泥运行过程中,根据丝状生物的相对丰度、对沉降性和次级固体流失的影响程度,常将丝状生物划分为"0"到"6"七个等级。其中,"0"代表无,"6"代表过量(表 15.22)。"0"、"1"、"2"级的丝状生物对次级固体的沉降性能没有不利影响。"4"、"5"、"6"级则会产生不利影响。用亮视野显微镜和相称显微镜可以观察丝状生物的相对丰度(表 15.23)。在用亮视野显微镜时,加入一滴亚甲基蓝于湿涂片上可以使丝状生物更容易被观察到。

每一种丝状生物在混合液中都有典型的特定分布位置(表 15.24)。贝氏硫细菌在本体溶液中自由浮动,浮游球衣菌通常从絮状颗粒的边缘延伸进本体溶液中,并且偶尔在本体溶液中自由浮动,而0092型丝状菌大部分存在于絮状颗粒中。

表 15.22　丝状生物的相对丰度等级

相对丰度等级	术语	描述
0	无	丝状生物未被观察到
1	少量	丝状生物存在,但只在极少数视野中的絮状颗粒中偶然被观察到
2	一些	丝状生物存在,但只在一些絮状颗粒中存在
3	普遍	丝状生物以低密度存在于大多数絮状颗粒中(每个絮状颗粒中存在 1 到 5 个丝状生物)
4	很普遍	丝状生物以中等密度存在于大多数絮状颗粒中(每个絮状颗粒中存在 6 到 20 个丝状生物)
5	大量	丝状生物以高密度存在于大多数絮状颗粒中(每个絮状颗粒中存在大于 20 个丝状生物)
6	过量	丝状生物存在于大部分的絮状颗粒中,丝状生物比絮状颗粒更多,或者本体溶液中有大量的丝状生物生长

表 15.23　评价丝状生物的相对丰度的显微镜设置

玻片制备	显微镜	放大倍数
湿涂片	亮视野或者相称显微镜	100 倍

表 15.24　丝状生物的分布位置

在本体溶液中自由浮动
从絮状颗粒的边缘延伸进本体溶液中
大部分存在于絮状颗粒中

表 15.25　确定丝状生物的分布位置的显微镜设置

玻片制备	显微镜	放大倍数
湿涂片	亮视野或称相显微镜	100 倍

丝状生物的分布位置是一个重要的性质,可以用于确定生物的名称或型号,还可以作为不稳定系统的生物指示。例如,丝状生物主要生长在絮状颗粒中或者向本体溶液中伸展,意味着剪切作用、细胞破裂剂的存在;如果它们大多在本体溶液中自由浮动,则意味着表面活性剂的存在。在混合液的湿涂片上滴加亚甲基蓝能更清楚地观察到丝状生物的分布位置。

15.1.11　丝状生物的鉴定

通过鉴定丝状生物特殊的形态或结构特征、对于特定染色剂的反应,以及运用其他适当的分类学方法,可以确定丝状生物的名称或型号以及对应的操作条件。亮视野和相称显微镜可以识别大多数的丝状生物(表 15.26)。

丝状生物的等级为"4、5、6"时,表示它们的相对丰度是占优势地位的。而等级为"1、2、3"的丝状生物则处于衰退地位。占优势的丝状生物应当鉴定出其名称或型号,以及促进其生长的相关操作条件。

表 15.26 需要用亮视野或相称显微镜检测的形态特征、染色反应、"S"试验

特征	显微镜
菌丝	亮视野显微镜或相称显微镜
分枝	亮视野显微镜或相称显微镜
细胞形态	亮视野显微镜或相称显微镜
细胞大小(微米)	亮视野显微镜或相称显微镜
压缩物	亮视野显微镜或相称显微镜
横隔	亮视野显微镜或相称显微镜
丝状体的位置	亮视野显微镜或相称显微镜
丝状体的形态	亮视野显微镜或相称显微镜
丝状体的大小(微米)	亮视野显微镜或相称显微镜
能动性	亮视野显微镜或相称显微镜
鞘	相称显微镜
硫颗粒	相称显微镜
革兰氏染色	亮视野显微镜
奈瑟染色	亮视野显微镜
PHB 染色	亮视野显微镜
"S"试验	相称显微镜
鞘染色	相称显微镜

15.1.12 絮状颗粒,絮体间的架桥和开放结构的长絮体

根据是否有丝状生物生长,絮状颗粒有五种结构:分别是针絮体、理想絮体、丝状膨胀体、絮体间的架桥、开放结构的长絮体(扩散絮体)。丝状生物的大量繁殖、絮体间的架桥、和开放结构的絮体的形成都能引发二次澄清池内的沉降性问题(表 15.27),用亮视野显微镜和相称显微镜下可观察到絮体间的架桥和开放结构的絮体(表 15.28)。

表 15.27 絮体间的架桥和开放结构的絮体的等级

等级	描述
少量	絮体间的架桥或开放结构的絮体只在极少数的视野中可以观测察到
大量	絮体间的架桥或开放结构的絮体在大部分视野中可观察到

表 15.28 用于评价絮体间的架桥和开放结构的絮体的显微镜设置

玻片制备	显微镜	放大倍数
湿涂片	亮视野或相称显微镜	100 倍

针絮体是当污泥龄较短、缺乏丝状生物时形成的絮状颗粒(图 15.18),体积较小,球形,典型的或大多数的针絮体呈白色。

理想絮体是当絮状细菌与丝状生物生长达平衡时形成的絮状颗粒(图15.19),絮状颗粒中的细菌聚集成一大团,1~5个个丝状生物从絮状颗粒的周边延伸进本体溶液中。理想絮体为中等或较大尺寸,不规则形状。典型的理想絮体为金棕色。

图15.18　针絮体

注:针絮体呈白色或大部分呈白色,球形、较小(<150 μm),不存在或者只有极少的丝状生物生长。

图15.19　理想絮体

注:理性絮体大部分呈金棕色,中等大小(150~500 μm)或者较大(>500 μm),形状不规则,絮状细菌与丝状菌生长达平衡。

丝状膨胀体(图15.20)是丝状生物大量增殖引起的,这种物质可以分为"4、5、6"三个等级,絮状颗粒为中等或较大尺寸,不规则形状。典型的絮状颗粒为金棕色。

絮体间的架桥是指在本体溶液中,从絮状颗粒上延伸出的丝状生物,将两个或多个絮状颗粒联结起来,形成絮体网(图15.21)。絮状颗粒为中等或较大尺寸,不规则形状。典型的絮状颗粒为金棕色。

开放结构的絮体则指,在絮状颗粒内的许多小群絮状细菌沿着丝状生物伸长的方向分散开来,形成长絮体(图15.22)。絮状颗粒为中等或较大尺寸,不规则形状。典型的絮状颗粒为金棕色。

图15.20　丝状膨胀体

注:絮状颗粒内的丝状生物大量增殖即形成丝状膨胀体。

图15.21　絮体间的架桥

注:在本体溶液中,从絮状颗粒上延伸出的丝状生物将两个或多个絮状颗粒联结起来。

图15.22　开放结构的长絮体

注:在絮状颗粒内的许多小群絮状细菌沿着丝状生物伸长的方向分散开来,即形成开放结构的长絮体。

15.2　工作表

通常,四个工作表就可以描述或表征出混合液生物量情况。这些工作表包括下列数据:①样品采集信息;②本体溶液的特性描述;③絮状颗粒的特性描述;④丝状生物的数量及其鉴定;⑤原生动物数量及其组成;⑥后生动物数量及其组成。表15.29回顾了本体溶液、絮状颗粒和丝状生物的有关情况。

表 15.29 本体溶液、絮状颗粒和丝状生物的显微镜镜检

废水处理厂的名称	
取样地点	
取样日期	
在取样点使用的化学物质	
采集样品人员的姓名	
显微镜镜检的日期和时间	
显微镜操作者	
本体溶液	观察结果或等级
微粒物(少量、大量)	
分散生长物(少量、大量、过量)	
絮状颗粒	观察结果或等级
形状(不规则、椭球形、球形)	
尺寸(较小、中等、较大)	
尺寸范围(μm)	
颜色(金棕色、浅色或白色)	
废水处理厂的名称	
强度(紧实、疏松)	
絮体间架桥(少量、大量)	
开放结构的长絮体(少量、大量)	
对墨汁反染色的反应(阴性、阳性)	
菌胶团(少量、大量)	
菌胶团(不定形、指状)	
丝状生物	观察结果或等级
相对丰度(0、1、2、3、4、5、6)	
分布位置(从絮状颗粒周边向本体溶液中伸展、自由浮动、在絮状颗粒内部)	
体长范围(μm)	
占优势地位的丝状生物	
丝状生物#1	
丝状生物#2	
丝状生物#3	
衰退的丝状生物	

15.2.1　样品采集信息

应该提供给所有工作表的样品采集信息包括以下内容:①取样地点;②取样的日期和时间;③在取样点使用的化学物质;④采集样品人员的姓名;⑤显微镜镜检的日期和时间;⑥显微镜操作者的姓名。

15.2.2　本体溶液、絮状颗粒和丝状生物的特征描述

1. 本体溶液的特性描述

需要在工作表中列举的本体溶液的特性及其相关的等级如下:

- 微粒物:少量或大量。
- 分散生长物:少量或大量或过量。

2. 絮状颗粒的特性描述

需要在工作表中列举的絮状颗粒的特性及其相关的等级如下:

- 絮状颗粒占优势地位的形状:不规则、椭圆形、球形。
- 絮状颗粒占优势的尺寸:较小($<150\ \mu m$)或中等($150\sim500\ \mu m$)或较大($>500\ \mu m$)或尺寸范围（μm）
- 絮状颗粒占优势的颜色:金棕色或浅色或白色。
- 占优势的强度:紧实或疏松。
- 丝状生物和絮状颗粒的结构:絮体间的架桥(少量或大量)及开放结构的长絮体(少量或大量)。
- 对墨汁反染色的反应（营养物质的缺乏):阴性（不缺乏营养物质)或阳性（可能缺乏营养物质)。
- 菌胶团:无定形或球形(少量或大量)或树枝状或指状(少量或大量)。

3. 丝状生物的数量及其鉴定

混合液中的丝状生物特性描述是根据丝状生物的相对丰度、分布位置、长度范围和丝状生物学名(如软发菌)或型号(1701 型)的鉴别进行的。需要在工作表中列举的丝状生物的特性及其相关的等级如下:

所有丝状生物和每一个种丝状生物的相对丰度等级

- 0
- 1
- 2
- 3
- 4
- 5
- 6

大多数丝状生物的长度范围,例如:

- $<50\ \mu m,100\sim200\ \mu m$,和$>400\ \mu m$
- $<100\ \mu m$ 和$>500\ \mu m$
- 丝状生物的分布位置

- 从絮状颗粒的周边延伸进入本体溶液中
- 在本体溶液中自由浮动
- 在絮状颗粒内

鉴定细丝状生物的名称或型号,以便于排名或确定优势性

- 丝状生物 #1:＿＿＿＿＿＿＿＿＿＿＿＿
- 丝状生物 #2:＿＿＿＿＿＿＿＿＿＿＿＿
- 丝状生物 #3:＿＿＿＿＿＿＿＿＿＿＿＿

15.2.3 原生动物和后生动物的数量及其组成(表 15.30)

1. 原生动物数量及其组成

原生动物群体的特性描述是根据其相对丰度或数量(个/mL)、占优势的原生动物类群、占优势原生动物类群中常见的种属、原生动物活动和结构。需要在工作表中列举的原生动物群体及其相关的等级如下:

- 每毫升溶液中原生动物的数量
- 各类群的组成
- %变形虫
- %鞭毛虫
- %自由泳纤毛虫
- %匍匐型纤毛虫
- %有柄的纤毛虫
- 优势种群中常见的种属
- 活性
- 可接受的
- 不可接受的
- 结构
- %以自由游泳方式运动的固着型纤毛虫
- %起气泡的固着型纤毛虫
- %被修剪的固着型纤毛虫

表 15.30 原生动物和后生动物群体的显微镜镜检

废水处理厂的名称	
取样地点	
取样日期	
在取样点使用的化学物质	
采集样品人员的姓名	
显微镜镜检的日期和时间	
显微镜操作者	

续表 15.30

废水处理厂的名称		
原生动物群体		观察结果或等级
每 mL 溶液中原生动物的数量		
组成	％变形虫	
	％鞭毛虫	
	％自由游泳型纤毛虫	
	％匍匐型纤毛虫	
	％固着型纤毛虫	
优势种中常见的种属		
活性(可接受、不可接受)		
％以自由游泳方式运动的固着型纤毛虫		
％能起气泡的固着型纤毛虫		
％被修剪的固着型纤毛虫		
后生动物群体		观察结果或等级
数量(每 mL 溶液中轮虫和自生生活的线虫的数量)		
活性(可接受、不可接受)		
％游离的轮虫和自生生活的线虫所占的百分数		
螺旋菌和四联体		观察结果或等级
螺旋菌(少量、大量)		
四联体(少量、大量)		
四联体(吸附在絮状颗粒上、自由游动)		
其他生物		观察结果或等级
藻类		
红蚯蚓和刚毛虫		
桡足类和剑水蚤属		
腹毛虫		
污泥蠕虫		
水熊		
水蚤		

2. 后生(多细胞)动物的数量及其组成

后生动物群体的特征描述是根据其数量、活动、轮虫和自生生活的线虫的结构进行的。需要在工作表中列举的后生动物群体及其相关的等级如下:

·每 mL 溶液中轮虫和自生生活线虫的数量

· 活性（可接受的/不可接受的）

· 游离的轮虫和自生生活的线虫所占的百分数

在活性污泥系统中，混合液生物量中其他对于故障诊断起重要作用的组成包括大量的螺旋菌和四联体。螺旋菌通常在本体溶液中自由游动，而本体溶液中的大多数四联体则吸附在絮状颗粒上。藻类、红蚯蚓、刚毛虫、桡足类、剑水蚤属、腹毛虫、污泥蠕虫、水熊、水蚤以及其他生物的存在、结构和活性都包含在表中。

在几乎所有的运行条件（包括稳态运行条件）下，都需要进行常规的本体溶液、絮状颗粒、丝状生物的显微镜镜检（表 15.29）。在稳态运行条件下，偶尔需要进行原生动物群体和后生动物群体的显微镜镜检。在不利的运行条件下，为了获取更多故障诊断的信息，也需要进行原生动物群体和后生动物群体的显微镜镜检（表 15.30）。

表 15.29 和表 15.30 记录的显微镜观察结果应当与那些在良好、稳态运行条件下的典型观察结果作对比，如表 15.31 观察结果记为"可接受"或"不可接受"，"不可接受"时，需要进行故障诊断，改进活性污泥系统运行条件，以达到"可接受"的稳态运行条件。

表 15.31 显微镜镜检，观察项目、等级

废水处理厂的名称			
取样地点			
取样日期			
在取样点使用的化学物质			
采集样品人员的姓名			
显微镜镜检的日期和时间			
显微镜操作者			
观察项目	稳态时的典型等级	现在的等级	
		可接受	不可接受
本体溶液			
微粒物			
分散生长物			
絮状颗粒			
形状			
尺寸			
尺寸范围			
颜色			
强度			
絮体间的架桥			
开放结构的长絮体			

续表 15.31

废水处理厂的名称		
墨汁反染色		
菌胶团		
丝状体		
丰度		
分布位置		
长度范围		
占优势的丝状体		
衰退的丝状体		
原生动物		
数量		
占优势的类群		
占优势的种属		
活性		
结构		
后生动物		
数量		
活性		
结构		

15.2.4 生物总量(表 15.32)

混合液中的生物总量为 1 mL 样品中原生动物、轮虫、自生生活的线虫的总数量,它将运行条件、过程变化与生物数量联系在一起。由于轮虫和自生生活的线虫一代存活时间较长,只有当 MCRT≥28 天的活性污泥系统才能进行生物总量的计数。

在进行生物的计数操作时,先准备一个有 0.05 mL 的样品的湿涂片,然后在放大倍数为 100 的亮视野或相称显微镜下观察涂片,相称显微镜应当优先使用,在准备涂片的过程中,必须使用一个 22 mm×22 mm 的盖玻片。

通过浏览整个湿涂片,可以计数出原生动物、轮虫和自生生活线虫的数量。四个独立涂片的浏览结果需要取平均值,这一平均值再乘以 20 即为 每 mL 混合液中的生物总量,如表 15.32。

当混合液中的生物数量较多时,只需任意挑选 10 个视野(放大倍数为 100)进行计数,这 10 个视野的平均数再乘以 300(在 22 mm×22 mm 盖玻片下)即为盖玻片下生物的总数。

表 15.32　生物总量

生物	浏览的湿涂片号	数量	4 次的平均数量
原生动物	#1		
	#2		
	#3		
	#4		
轮虫	#1		
	#2		
	#3		
	#4		
自生生活的线虫	#1		
	#2		
	#3		
	#4		
生物总量			

15.3　显微镜镜检报告

工作表和评定表对于记录和评估显微观察结果无疑是一种极好的表格,它能快速提示操作人员有关混合液中生物食物链的异常状况,但是,对于非专业操作人员来说,它所提供的信息是很难被理解的。因此,对显微观察结果报告以及与相关操作条件的关系进行适当的描述是很有意义的。本章中所列举的样品报告可供参考。

镜检城市:维尔,宾夕法尼亚州

传统的活性污泥法处理工业排放污水

采样日期:2007 年 2 月 21 日

镜检日期:2007 年 2 月 21 日

操作人员:J. P. Gerardi

样品检验:

1 号曝气池中的混合液,2 号曝气池中的混合液

1 号曝气池中的泡沫

1 号曝气池中的混合液,絮凝物和丝状生物

絮状颗粒的尺寸范围大约为 50 ~ 1 500 μm,但大多数絮状颗粒是中等大小(150 ~ 500 μm)或更大(>500 μm)。由于丝状生物的大量生长,大多数絮状颗粒呈不规则的金棕色,这种粒度范围和颜色表明混合液变得成熟、有活性,而不规律絮状颗粒表明有丝状生物的大量存在。但是,丝状生物的大量存在通常是不希望的。

通过亚甲基蓝染色后,在相称显微镜下,可以看到大多数絮状颗粒结构坚固。这些颗粒

中的絮状细菌将颗粒内部紧紧联结着,絮状颗粒物结构坚固是很重要的。

通过显微镜可以观察到重要的絮体间的架桥和开放结构的长絮体。絮体间的架桥是指在本体溶液中,丝状生物从絮状颗粒上延伸出来,将两个或多个絮状颗粒联结起来,形成絮体网;开放结构的长絮体是由许多小群的絮状细菌沿着丝状生物伸长的方向分散开来而形成的。絮体间的架桥和开放结构絮体的形成会对固体的沉降和压实产生不利影响。

许多丝状生物从絮状颗粒的内部和周边延伸进本体溶液中,在絮状颗粒内部的丝状生物只有经过革兰氏染色后才能被观察到。根据合适的分类方式,丝状生物可以在预期的位置观察到,偶尔,也可以观察到自由浮动的丝状生物,大多数丝状生物的长度<150 μm 或 >400 μm。

丝状生物的相对丰富度从 0~6 划分为 5 个等级。"0"表示没有,"6"表示过多。"5"表示"丰富",即丝状生物在大部分的絮状颗粒中密度很大,例如,在这个级别中的丝状生物会对固体的沉降和压实产生不利影响。

重要的丝状生物有三种。这些丝状生物的等级为"4"或更大。重要丝状生物的优势种、等级和相对丰富度见表 15.33。

表 15.33　1 号曝气池混合液中的重要丝状生物

丝状生物	等级	相对丰度
发硫菌	1	"5"
微丝菌	2	"4"
浮游球衣菌	3	"4"

微丝菌是一种起泡沫的丝状菌,它产生泡沫为黏性的巧克力棕黑色。微丝菌在泡沫中的密度比在混合溶液中大。

与发硫菌、微丝菌和浮游球衣菌的快速生长有关的操作因素见表 15.34。

表 15.34　关于观察重要丝状生物中分散生物体的操作条件

操作条件	丝状生物		
	发硫菌	微丝菌	浮游球衣菌
高 MCRT(>10 天)		×	
油脂类		×	
pH>7.5		×	
低 DO 和高 MCRT		×	
低 DO 和低 MCRT			×
低 F/M		×	
低氮和磷	×		×
有机酸	×		
易降解的 cBOD	×		×
盐度/硫化物	×		
缓慢降解的 cBOD		×	

续表 15.34

操作条件	丝状生物		
	发硫菌	微丝菌	浮游球衣菌
废水温度低		×	
废水温度高			×

本体溶液中包含许多分散生长物和微粒物。分散生长物的相对丰富度等级为"过量"，微粒物的相对丰富度等级则为"大量"。过量的分散生长物和大量的微粒物存在表明絮凝物形成中断，可能的相关操作因素见表 15.35。

表 15.35 干扰絮凝物形成的相关操作因素

操作因素	描述或举例
细胞破裂剂/表面活化剂	十二烷基硫酸盐
起泡	起泡的丝状生物
低溶解氧浓度	连续 10 h<1 mg/L
pH 过低或过高	<6.5 或>8.0
营养缺乏	通常为氮和磷
可溶性 cBOD 的缓慢释放	正常可溶性 cBOD 的 3 倍
毒性	RAS 氯
不希望的丝状生物	相对丰度>"3"
较短的污泥龄	MCRT<3 天
菌胶团	絮凝形成的细菌的快速增殖

通过显微镜可以观察到树枝状或"指状"的菌胶团。菌胶团是絮凝形成的细菌快速增殖的结果，它会渐渐引起脆弱、漂浮的絮状颗粒的产生，菌胶团也与浪花状白色泡沫的产生有关。与不希望的菌胶团出现相关的操作条件有：(1)高 MCRT(2)HRT 较长(3)营养物质缺乏(4)高 F/M(5)曝气池中的毒性物质或逆流发酵。

大多数絮状颗粒在墨汁反染色下呈阳性。阳性测试结果意味着取样时很可能缺乏营养物质，而在活性污泥法中缺乏的典型营养物为氮和磷。

15.3.1 原生动物的数量和形态

原生动物群体的数量或相对丰富度为每毫升 1 400 个，这一数值要比之前检测到的稳态条件下原生动物群体的数量少。尽管这一群体占优势地位的为高等生命形式、匍匐型纤毛虫和固着型纤毛虫，当纤毛虫中的优势种为有肋楯纤虫(Aspidisca costata)和白钟虫(Vorticella alba)，意味着活性污泥达到半成熟状态，混合液的出水已基本达到要求但不是特别干净，原生动物的分类以及各类所占比例见表 15.36。

通过显微镜可以观察到大约有 30% 的固着型纤毛虫在本体溶液中自由游动。此外，一些固着型纤毛虫依靠纤毛的摆动和能收缩的鞭毛的"弹跳"作用而运动，大多数的固着型纤毛虫运动缓慢。原生动物中的优势生命体、自由游动固着型纤毛虫和运动缓慢的原生动物群体可以作为如下方面的指示:低溶解氧浓度和有毒物质(包括表面活性剂)或抑制剂的存在。

表 15.36　1 号曝气池混合液中原生动物的种类

原生动物的种类	各类所占的比例
变形虫	4%
鞭毛虫	19%
自由游泳型纤毛虫	1%
匍匐型纤毛虫	21%
固着型纤毛虫	55%

15.3.2　后生动物的数量和形态

除了原生动物群体外,还有一种相对较小、行动缓慢的后生动物(轮虫和自由生活的线虫)群体也是可以在显微镜下观察到的。这种后生动物群体的数量或相对丰富度为每毫升小于 100 个。几乎所有观察到的轮虫和自生生活的线虫都是行动缓慢或不活跃的,而且许多后生动物都是分散存在的。后生动物也可以作为低溶解氧浓度和有毒物质(包括表面活性剂)或抑制剂存在的环境的指示。

2 号曝气池中的混合液絮体的特征,丝状生物、原生动物的数量和形态,后生动物的数量和形态,1 号、2 号曝气池混合液中的絮体特征,丝状生物、原生动物、后生动物的显微镜观察结果如表 15.37 所示。

1 号曝气池中的泡沫特征在显微镜下观察湿涂片、经过革兰氏染色和奈瑟染色的泡沫涂片,可以看到微丝菌的大量存在。这种丝状菌发现于絮状颗粒内,它能从一个絮状颗粒的表面延伸到另一个絮状颗粒表面。这种丝状菌在泡沫中的密度比在混合液中大得多。微丝菌在泡沫中的相对丰度以及泡沫的质感和颜色(黏性的巧克力棕黑色)能指示出微丝菌是否对起泡有贡献。

表 15.37　1 号曝气池和 2 号曝气池混合液的显微镜观察结果

显微镜观察的对象	曝气池中的混合液	
	#1	#2
絮状颗粒的尺寸范围(μm)	50 ~ 100	40 ~ 200
絮状颗粒的优势尺寸	中等和大尺寸	中等和大粒尺寸
絮状颗粒的优势形状	不规则	不规则
絮状颗粒的强度	坚固	坚固
絮体间的架桥	大量	大量
开放结构的长絮体	大量	大量
丝状生物的分布	在絮状物内或伸展出来	在絮状物内或伸展出来
丝状生物的长度(μm)	<150 和>500	<150 和>500
丝状生物的丰度	"5"	"5"

续表 15.37

显微镜观察的对象	曝气池中的混合液	
	#1	#2
丝状生物,#1	发硫菌	发硫菌
丝状生物,#2	微丝菌	微丝菌
丝状生物,#3	浮游球衣菌	浮游球衣菌
分散生长物	过量的	大量的
微粒物	大量的	大量的
菌胶团	大量的	大量的
墨汁反染色	阳性	阳性
原生动物的数量	1 400/mL	1 200/mL
变形虫(%)	4	5
鞭毛虫(%)	19	18
匍匐型纤毛虫(%)	1	3
固着型纤毛虫(%)	21	24
自由游泳型纤毛虫(%)	55	50
占优势的匍匐型纤毛虫	有肋楯纤虫	有肋楯纤虫
占优势的固着型纤毛虫	白钟虫	白钟虫
自由游泳型固着型纤毛虫(%)	30	18
原生动物的活动	运动缓慢	运动缓慢
后生动物的活动	运动缓慢	运动缓慢
分散的后生动物	大量的	大量的

参考文献

［1］马放,杨基先,魏利.环境微生物图谱［M］.北京:中国环境科学出版社,2010.

［2］J P 哈雷,谢建平.图解微生物实验指南［M］.北京:科学出版社,2012.

［3］西原环境.污水处理的生物相诊断［M］.赵庆祥,长英夫,译.北京:化学工业出版社, 2012.

［4］周凤霞,陈剑虹.淡水微型生物与底栖动物［M］.北京:化学工业出版社,2011.

［5］RICHARD A H,PAMELA C C,BRUCE D F,等.图解微生物学［M］.北京:科学出版社, 2011.

［6］曹军卫,沈萍,李朝阳.嗜极微生物［M］.武汉:武汉大学出版社,2004.

［7］小泉贞明,水野丈夫,钱晓晴,等.图解实验观察大全［M］.北京:人民教育出版社,2006.

［8］MICHAEL H G,BRITTANY L. Microscopic examination of the activated sludge process［M］. Hoboken:A JOHN WILEY & SONS,INC,2008.

［9］韩伟,刘晓晔,李永峰.环境工程微生物学［M］.哈尔滨:哈尔滨工业大学出版社,2010.

［10］高桥俊三,张自杰.活性污泥生物学［M］.北京:中国建筑工业出版社,1978.

［11］沈韫芬.原生动物学［M］.北京:科学出版社,1999.

市政与环境工程系列丛书(本科)

书名	作者	价格
建筑水暖与市政工程 AutoCAD 设计	孙 勇	38.00
建筑给水排水	孙 勇	38.00
污水处理技术	柏景方	39.00
环境工程土建概论(第3版)	闫 波	20.00
环境化学(第2版)	汪群慧	26.00
水泵与水泵站(第3版)	张景成	28.00
特种废水处理技术(第2版)	赵庆良	28.00
污染控制微生物学(第4版)	任南琪	39.00
污染控制微生物学实验	马 放	22.00
城市生态与环境保护(第2版)	张宝杰	29.00
环境管理(修订版)	于秀娟	18.00
水处理工程应用试验(第3版)	孙丽欣	22.00
城市污水处理构筑物设计计算与运行管理	韩洪军	38.00
环境噪声控制	刘惠玲	19.80
市政工程专业英语	陈志强	18.00
环境专业英语教程	宋志伟	20.00
环境污染微生物学实验指导	吕春梅	16.00
给水排水与采暖工程预算	边喜龙	18.00
水质分析方法与技术	马春香	26.00
污水处理系统数学模型	陈光波	38.00
环境生物技术原理与应用	姜 颖	42.00
固体废弃物处理处置与资源化技术	任芝军	38.00
基础水污染控制工程	林永波	45.00
环境分子生物学实验教程	焦安英	28.00
环境工程微生物学研究技术与方法	刘晓烨	58.00
基础生物化学简明教程	李永峰	48.00
小城镇污水处理新技术及应用研究	王 伟	25.00
环境规划与管理	樊庆锌	38.00
环境工程微生物学	韩 伟	38.00
环境工程概论——专业英语教程	官 涤	33.00
环境伦理学	李永峰	30.00
分子生态学概论	刘雪梅	40.00
能源微生物学	郑国香	58.00
基础环境毒理学	李永峰	58.00
可持续发展概论	李永峰	48.00
城市水环境规划治理理论与技术	赫俊国	45.00
环境分子生物学研究技术与方法	徐功娣	32.00
环境实验化学	尤 宏	45.00

市政与环境工程系列研究生教材